2024 年版　日本農業技術検定過去問題集　２級（R06-02）
正誤表

下記の通り誤りがありました。
お詫びして訂正いたします。

訂正箇所	誤	正
174 ページ 2023 年度第２回２級 「畜産」設問 41	掲載すべき写真が 抜けておりました。	
別冊 39 ページ 2023 年度第２回２級 「作物」設問 24	コムギ、ライムギは穂状花序で、<u>枝梗・小枝梗の先端に小穂がつく。</u>	コムギ、ライムギは 花序で、<u>穂軸の節に直</u> <u>穂軸が生じて、小穂と</u> <u>をつける。</u>

新規就農ガイドブック

R04-39　A5判・132頁
1,210円（税込・送料別）

新規就農するうえで知っておきたい知識をまとめたガイドブック。就農までの道筋や地域や作目選びのポイントなどを紹介。

新規就農のノウハウがもりだくさん！

はじめてのパソコン農業簿記 改訂第9版

R05-48　A4版・176＋45頁
定価3,300円（税込・送料別）

ソリマチ㈱の農業簿記ソフト「農業簿記12」（令和５年６月発売）に対応した最新版。体験版 CD-ROM 付きで、実践的に学べる。

パソコン農業簿記は、日付、適用、金額、勘定科目を入力することで元帳への転記から試算表、決算書、青色申告まで自動で行える。

パソコン農業簿記の入門書！

ご購入方法

①お住まいの都道府県の農業会議に注文

（品物到着後、農業会議より請求書を送付させて頂きます）

都道府県農業会議の電話番号

都道府県	電話番号
北海道	011(281)6761
青森県	017(774)8580
岩手県	019(626)8545
宮城県	022(275)9164
秋田県	018(860)3540
山形県	023(622)8716
福島県	024(524)1201
茨城県	029(301)1236
栃木県	028(648)7270
群馬県	027(280)6171
埼玉県	048(829)3481
千葉県	043(223)4480
東京都	03(3370)7145
神奈川県	045(201)0895
山梨県	055(228)6811
岐阜県	058(268)2527
静岡県	054(294)8321
愛知県	052(962)2841
三重県	059(213)2022
新潟県	025(223)2186
富山県	076(441)8961
石川県	076(240)0540
福井県	0776(21)8234
長野県	026(217)0291
滋賀県	077(523)2439
京都府	075(441)3660
大阪府	06(6941)2701
兵庫県	078(391)1221
奈良県	0742(22)1101
和歌山県	073(432)6114
鳥取県	0857(26)8371
島根県	0852(22)4471
岡山県	086(234)1093
広島県	082(545)4146
山口県	083(923)2102
徳島県	088(678)5611
香川県	087(813)7751
愛媛県	089(943)2800
高知県	088(824)8555
福岡県	092(711)5070
佐賀県	0952(20)1810
長崎県	095(822)9647
熊本県	096(384)3333
大分県	097(532)4385
宮崎県	0985(73)9211
鹿児島県	099(286)5815
沖縄県	098(889)6027

②全国農業図書のホームページから注文

(https://www.nca.or.jp/tosho/)

（お支払方法は、銀行振込、郵便振替、クレジットカード、代金引換があります。銀行振込と郵便振替はご入金確認後に、品物の発送となります）

③ Amazon から注文

全国農業図書

日本農業技術検定試験　２級

2023年度　第１回　試験問題（p.17～103）

選択科目［作物］

23

28

37

43

45

2023年度　第１回　試験問題（p.17～103）

選択科目［野菜］

11

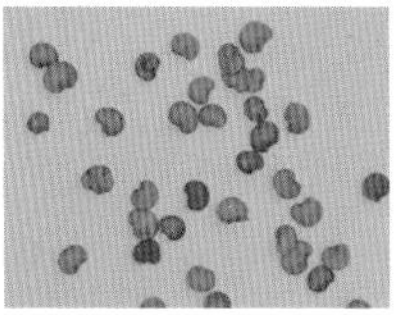

①

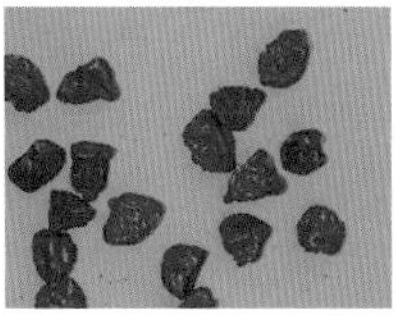

②

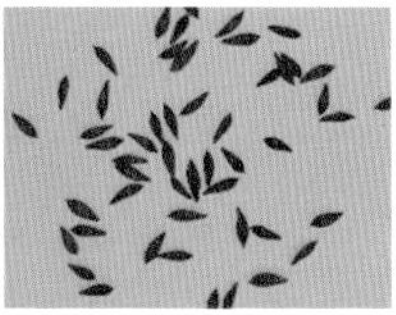

③

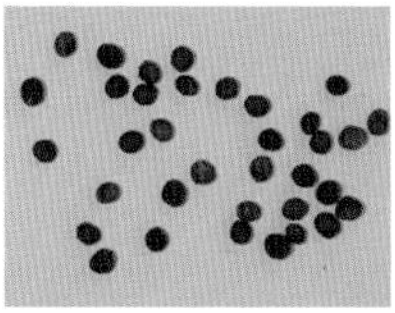

④

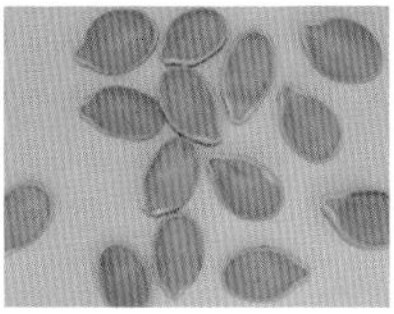

⑤

12

①

②

③

④

⑤

18

20

2023年度　第１回　試験問題（p.17～103）

選択科目［野菜］

23

24

32

36

40

2023年度　第１回　試験問題（p.17～103）

選択科目［野菜］

42

（成虫）

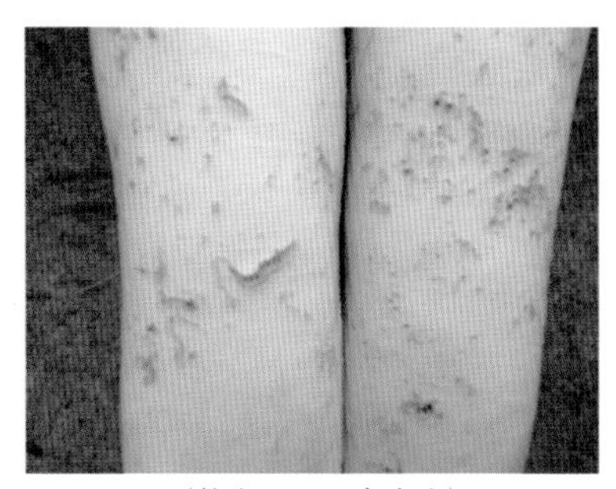

（幼虫による食害痕）

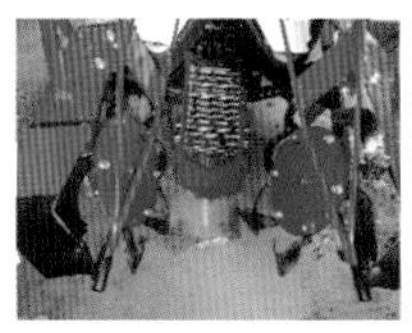

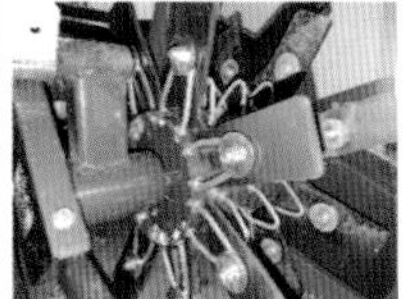

選択科目［花き］

18

19

24

25

選択科目［花き］

26

34

①　②　③

④　⑤

35

選択科目［花き］

37

39

40

42

43

選択科目［花き］

44

45

選択科目［花き］

47

49

選択科目［果樹］

21

38

39

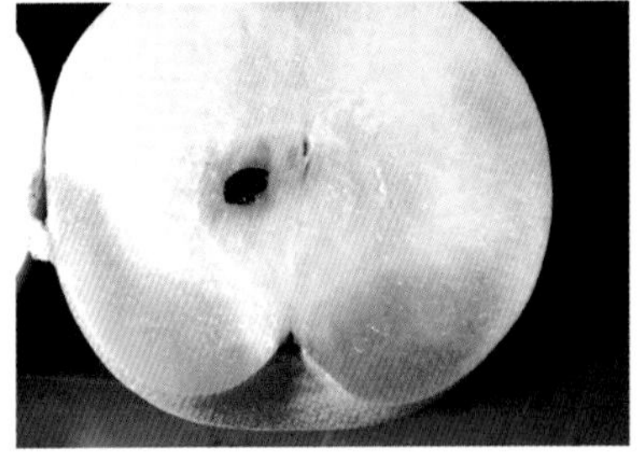

41

選択科目［果樹］

42

43

44

A

B

選択科目［果樹］

48

選択科目［畜産］

39

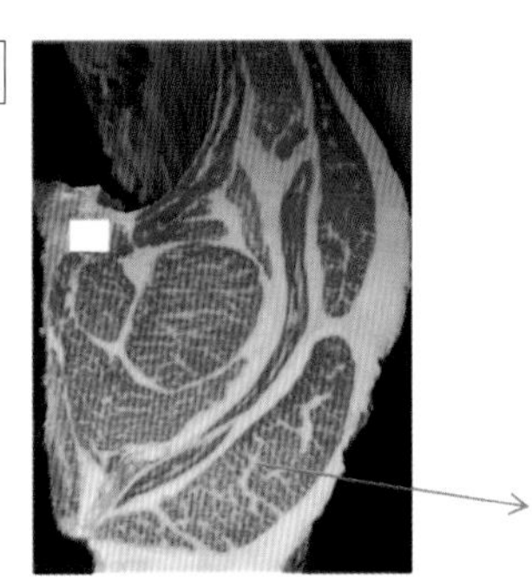

ア

選択科目［畜産］

48

選択科目［作物］

35

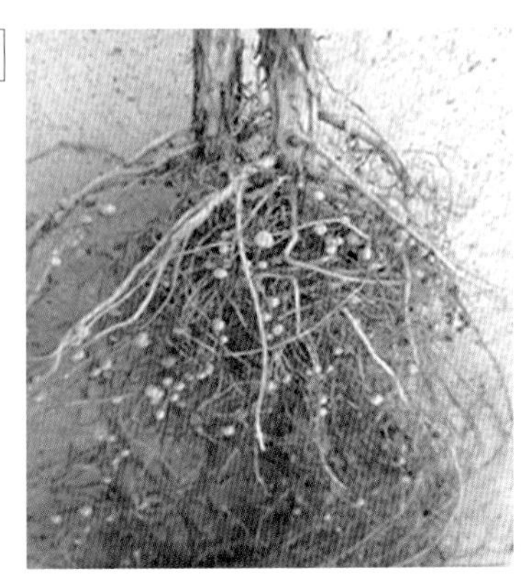

43

選択科目［野菜］

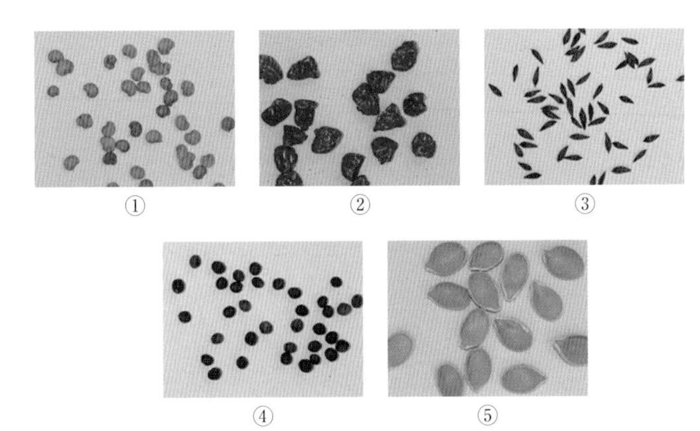

2023年度　第２回　試験問題（p.105～189）

選択科目［野菜］

19

23

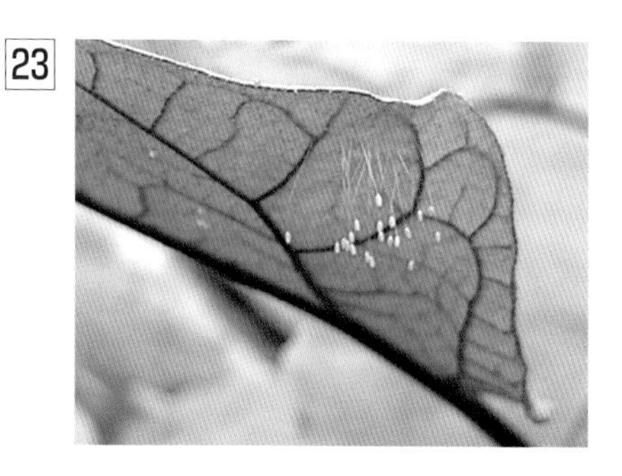

27

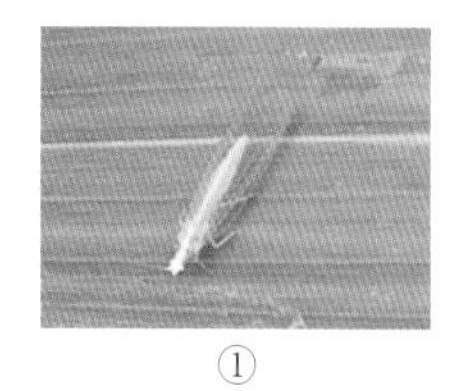

①

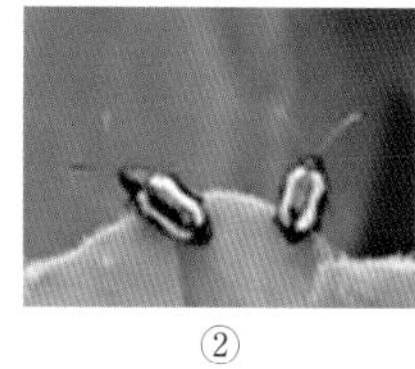

②

③

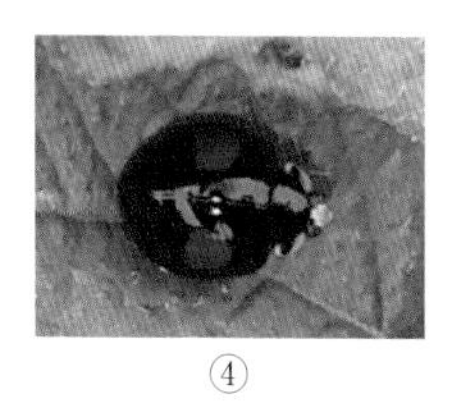

④

⑤

2023年度　第2回　試験問題（p.105～189）

選択科目［野菜］

28

30

36

41

49

選択科目［花き］

15

16

17

20

21

22

選択科目［花き］

23

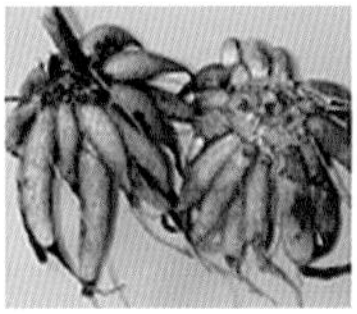

① 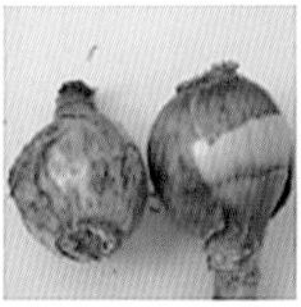　② 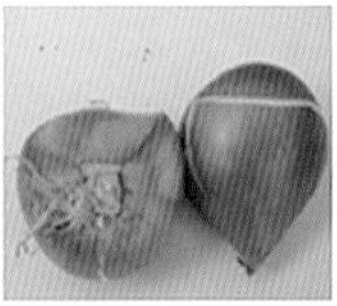　③

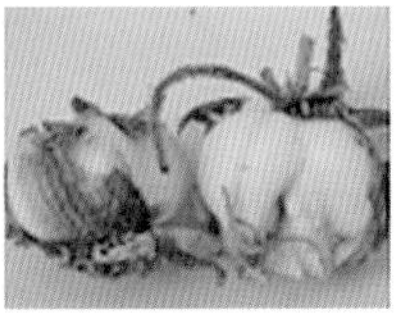

④ 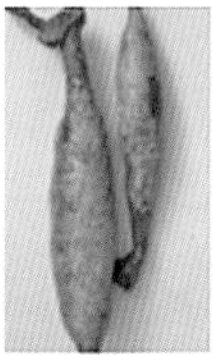　⑤

24

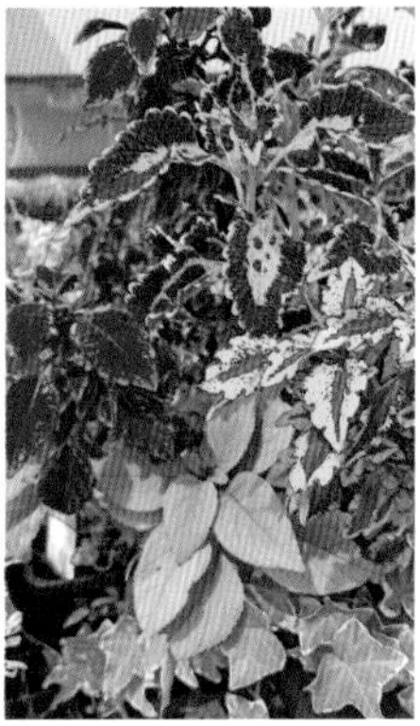

25

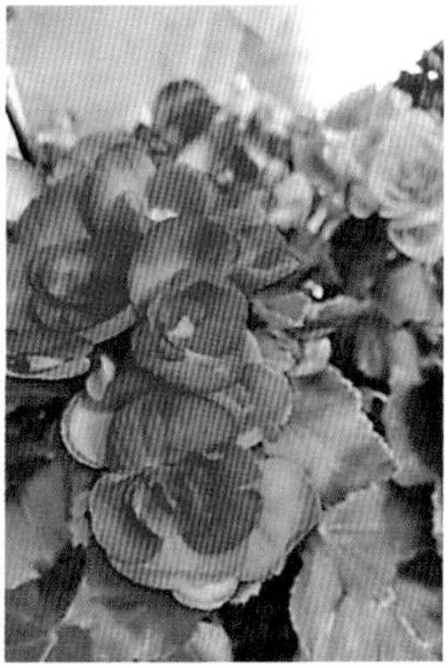

32

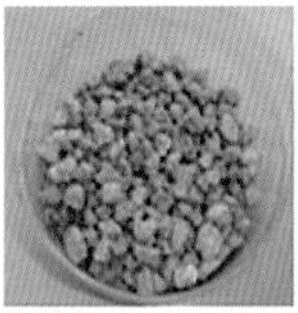

① 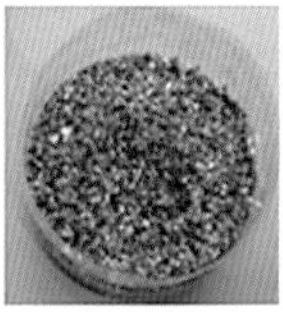　② 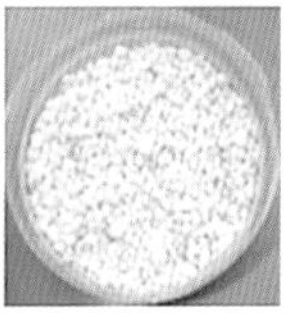　③

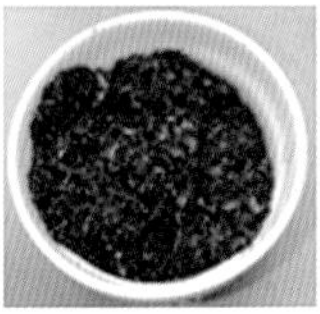

④ 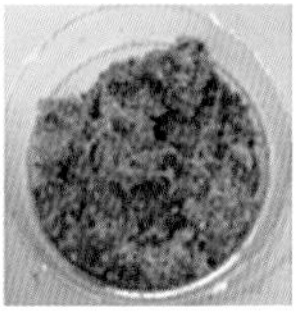　⑤

2023年度　第２回　試験問題（p.105～189）

選択科目［花き］

39

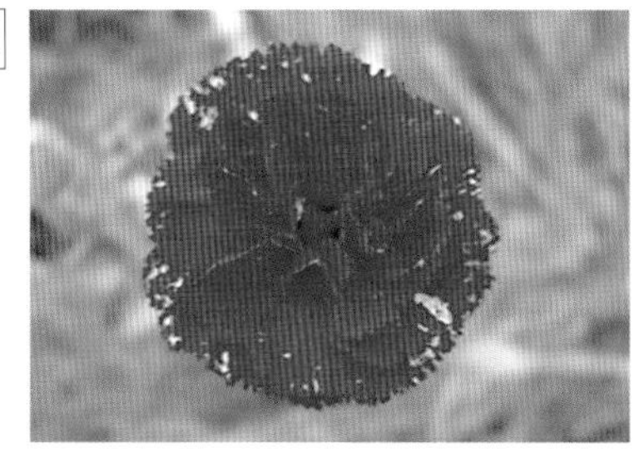

40

42

47

49

2023年度　第２回　試験問題（p.105～189）

選択科目［花き］

50

選択科目［果樹］

18

摘果前

摘果後

35

選択科目［果樹］

36

38

39

41

選択科目［果樹］

48

選択科目［畜産］

11

31

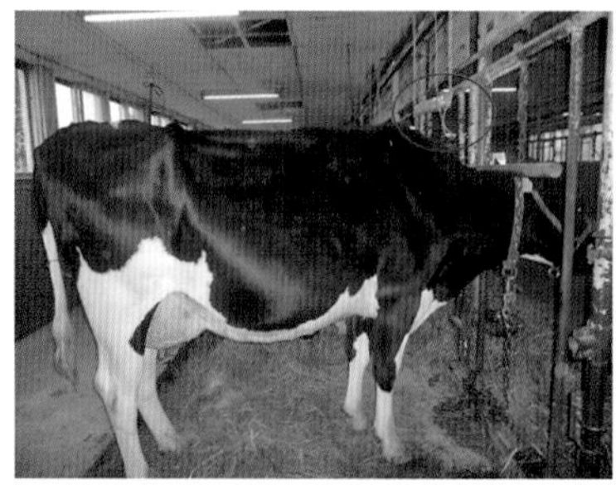
写真 A

写真 B

2023年度　第２回　試験問題（p.105〜189）

選択科目［畜産］

33

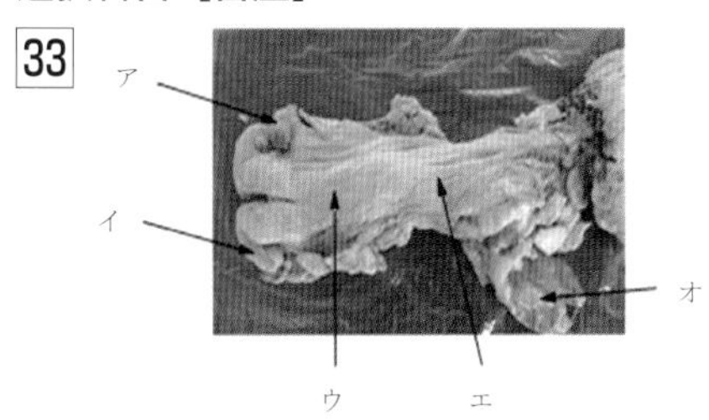

34

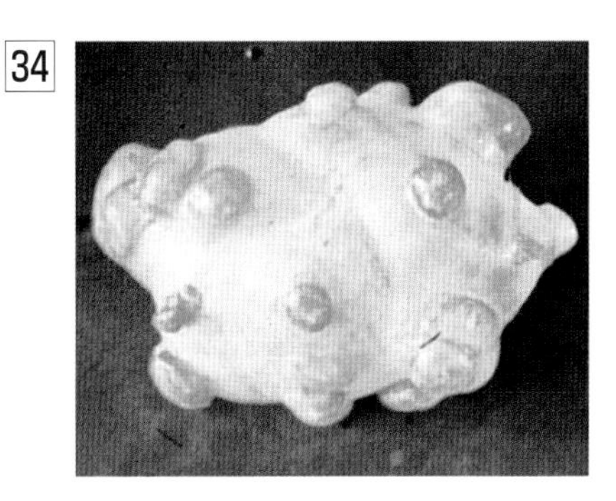

40

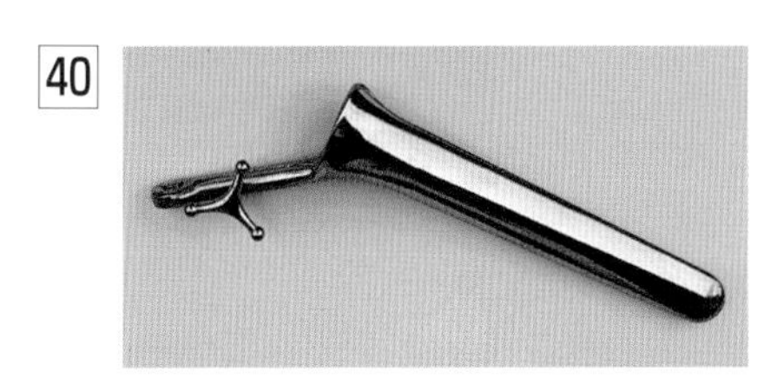

41

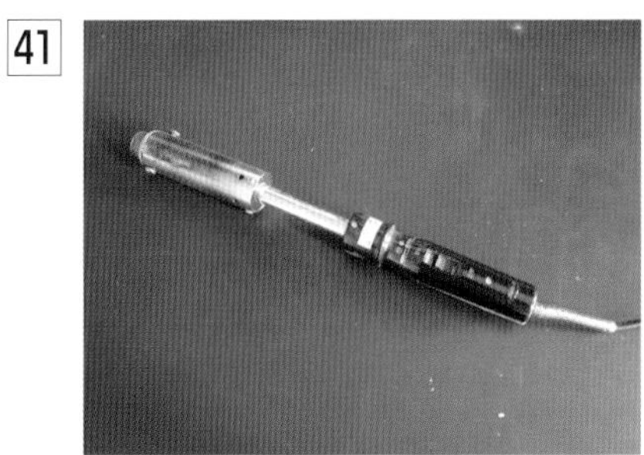

43

46

2023年度　第２回　試験問題（p.105～189）

選択科目［畜産］

47

選択科目［食品］

49

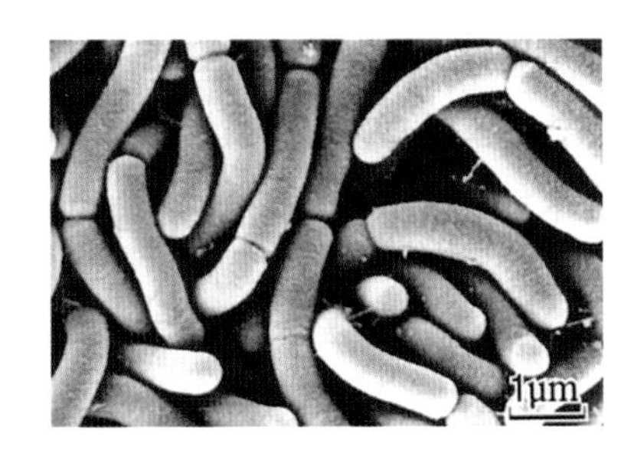

日本農業技術検定2級　解答用紙

受験級
● 2級

受験者氏名
フリガナ
漢字

受験番号												
⓪	⓪	⓪	⓪	⓪	⓪	⓪	⓪	⓪	⓪	⓪	⓪	⓪
①	①	①	①	①	①	①	①	①	①	①	①	①
②	②	②	②	②	②	②	②	②	②	②	②	②
③	③	③	③	③	③	③	③	③	③	③	③	③
④	④	④	④	④	④	④	④	④	④	④	④	④
⑤	⑤	⑤	⑤	⑤	⑤	⑤	⑤	⑤	⑤	⑤	⑤	⑤
⑥	⑥	⑥	⑥	⑥	⑥	⑥	⑥	⑥	⑥	⑥	⑥	⑥
⑦	⑦	⑦	⑦	⑦	⑦	⑦	⑦	⑦	⑦	⑦	⑦	⑦
⑧	⑧	⑧	⑧	⑧	⑧	⑧	⑧	⑧	⑧	⑧	⑧	⑧
⑨	⑨	⑨	⑨	⑨	⑨	⑨	⑨	⑨	⑨	⑨	⑨	⑨

選択
○ 作物
○ 野菜
○ 花き
○ 果樹
○ 畜産
○ 食品

注意事項

1. はじめに受験番号・フリガナ氏名が正しく印字されているか確認し、漢字氏名欄に氏名を記入してください。
2. 記入にあたっては、B又はHBの鉛筆、シャープペンシルを使用してください。
3. ボールペン、サインペン等で解答した場合は採点できません。
4. 訂正は、プラスティック消しゴムできれいに消し、跡が残らないようにしてください。
5. 解答欄は、各問題につき1つのみ解答してください。
6. 解答用紙は折り曲げたり汚したりしないよう、注意してください。

マーク例

良い例	悪い例
●	⊙ ⊗ ✓ ▒ ○

共通

問	解答欄				
1	①	②	③	④	⑤
2	①	②	③	④	⑤
3	①	②	③	④	⑤
4	①	②	③	④	⑤
5	①	②	③	④	⑤
6	①	②	③	④	⑤
7	①	②	③	④	⑤
8	①	②	③	④	⑤
9	①	②	③	④	⑤
0	①	②	③	④	⑤

選択

設問	解答欄				
11	①	②	③	④	⑤
12	①	②	③	④	⑤
13	①	②	③	④	⑤
14	①	②	③	④	⑤
15	①	②	③	④	⑤
16	①	②	③	④	⑤
17	①	②	③	④	⑤
18	①	②	③	④	⑤
19	①	②	③	④	⑤
20	①	②	③	④	⑤
21	①	②	③	④	⑤
22	①	②	③	④	⑤
23	①	②	③	④	⑤
24	①	②	③	④	⑤
25	①	②	③	④	⑤
26	①	②	③	④	⑤
27	①	②	③	④	⑤
28	①	②	③	④	⑤
29	①	②	③	④	⑤
30	①	②	③	④	⑤
31	①	②	③	④	⑤
32	①	②	③	④	⑤
33	①	②	③	④	⑤
34	①	②	③	④	⑤
35	①	②	③	④	⑤

選択

設問	解答欄				
36	①	②	③	④	⑤
37	①	②	③	④	⑤
38	①	②	③	④	⑤
39	①	②	③	④	⑤
40	①	②	③	④	⑤
41	①	②	③	④	⑤
42	①	②	③	④	⑤
43	①	②	③	④	⑤
44	①	②	③	④	⑤
45	①	②	③	④	⑤
46	①	②	③	④	⑤
47	①	②	③	④	⑤
48	①	②	③	④	⑤
49	①	②	③	④	⑤
50	①	②	③	④	⑤

はじめに

日本の農業は、世界の食料需給や農産物貿易が不安定化するなかで、将来にわたって食料生産を維持・発展させることへの期待が、これまで以上に高まっています。また、国土や自然環境の保全、文化の伝承など多面的機能の発揮についても、その促進が図られているところです。

こうした役割を担う農業にやりがいを持ち、自然豊かな環境や農的な生き方に魅力を感じて、さらにビジネスとしての可能性を見出して、新規に就農する人や農業法人、農業関連企業等に就職して意欲をもって活躍する人たちは少なくありません。

自然を相手に生産活動を行う農業や農業に関連する職業に携わるには、農業の知識や生産技術をしっかり身につけることが重要になります。日々変化し発展する農業技術を有効に活用するためには、農業についてのしかるべき知識や技術の理解が必要不可欠です。

日本農業技術検定は、農林水産省と文部科学省の後援による、農業系の高校生や大学生、就農準備校の受講生、農業法人など農業関連企業の社会人を対象とした、全国統一の農業専門の検定制度です。就農を希望する人だけでなく、学業や研修の成果の証として、またJAの職員など農業関係者によるキャリアアップのための取り組みをはじめ、農業の知識や技術を身につけるために受験活用されています。毎年２万人を超える受験者がチャレンジをして、これまでの受験者累計は36万人に達しています。

本検定の２級試験は「農作物の栽培管理等が可能な基本レベル」で、３級よりも応用的な専門知識や技術を評価します。５択式のマークシートになり、選択科目も６科目（作物、野菜、花き、果樹、畜産、食品）に広がり、内容的にも高度になります。本書で過去問題を点検して、本検定の「２級テキスト」で内容をしっかりと確認しながら勉強されることをお勧めします。２級を受験して農業知識や生産技術のレベルアップを図り、その習得した能力を就農や進学・就職に役立ててください。

2024年４月

日本農業技術検定協会
事務局・一般社団法人 全国農業会議所

本書活用の留意点

◆実際の試験問題は A4判のカラーです。

本書は、持ち運びに便利なように、A4判より小さい A5判としました。また、試験問題の写真部分は本書の巻頭ページにカラーで掲載しています。

◆◆CONTENTS◆◆

解答・解説編　（別冊）

日本農業技術検定ガイド

1　検定の概要

●・・日本農業技術検定とは？・・●

日本農業技術検定は、わが国の農業現場への新規就農のほか、農業系大学への進学、農業法人や関連企業等への就業を目指す学生や社会人を対象として、農業知識や技術の取得水準を客観的に把握し、教育研修の効果を高めることを目的とした農業専門の全国統一の試験制度です。農林水産省・文部科学省の後援も受けています。

●・・合格のメリットは？・・●

合格者には農業大学校や農業系大学への推薦入学で有利になったり受験料の減免などもあります！ また、新規就農希望者にとっては、農業法人への就農の際のアピール・ポイントとして活用できます。JA など社会人として農業関連分野で働いている方も資質向上のために受験しています。大学生にとっては就職にあたりキャリアアップの証明になります。海外農業研修への参加を考えている場合にも、日本農業技術検定を取得していると、筆記試験が免除となる場合があります。

●・・試験の日程は？・・●

2024年度の第１回試験日は７月６日（土）、第２回試験日は12月７日（土）です。第１回の申込受付期間は４月25日（木）～５月31日（金）、第２回は９月30日（月）～10月30日（木）となります。

※１級試験は第２回（12月）のみ実施。

●・・具体的な試験内容は？・・●

1級・2級・3級についてご紹介します。試験内容を確認して過去問題を勉強し、しっかり準備をして試験に挑みましょう！

（2019年度より）

等級		1級	2級	3級
想定レベル		農業の高度な知識・技術を習得している実践レベル	農作物の栽培管理等が可能な基本レベル	**農作業の意味が理解できる入門レベル**
試験方法		学科試験＋実技試験	学科試験＋実技試験	**学科試験のみ**
学科試験	受検資格	特になし	特になし	**特になし**
	出題範囲	共通：農業一般 ＋ 選択：作物、野菜、花き、果樹、畜産、食品から1科目選択	共通：農業一般 ＋ 選択：作物、野菜、花き、果樹、畜産、食品から1科目選択	**共通：農業基礎 ＋ 選択：栽培系、畜産系、食品系、環境系から1科目選択**
	問題数	学科60問 （共通20問、選択40問）	学科50問 （共通10問、選択40問）	**50問 （共通30問、選択20問） 環境系の選択20問のうち10問は３分野（造園、農業土木、林業）から1つを選択**
	回答方式	マークシート方式 （５者択一）	マークシート方式 （５者択一）	**マークシート方式 （４者択一）**
	試験時間	90分	60分	**40分**
	合格基準	120点満点中 原則70%以上	100点満点中 原則70%以上	**100点満点中 原則60%以上**
実技試験	受検資格	受験資格あり※1	受験資格あり※2	－
	出題範囲	専門科目から1科目選択する生産要素記述試験（ペーパーテスト）を実施 （免除規定あり）	乗用トラクタ、歩行型トラクタ、刈払機、背負い式防除機から２機種を選択し、ほ場での実地研修試験 （免除規定あり）	－

※１　１級の学科試験合格者。２年以上の就農経験を有する者または検定協会が定める事項に適合する者（JA 営農指導員、普及指導員、大学等付属農場の技術職員、農学系大学生等で農場実習等４単位以上を取得している場合）は実技試験免除制度があります（詳しくは、日本農業技術検定ホームページをご確認ください）。

※２　２級の学科試験合格者。１年以上の就農経験を有する者または農業高校・農業大学校など２級実技水準に相当する内容を授業などで受講した者、JA 営農指導員、普及指導員、大学等付属農場の技術職員、学校等が主催する任意の講習会を受講した者は２級実技の免除規定が適用されます。

●・・申し込みから受験までの流れ・・●

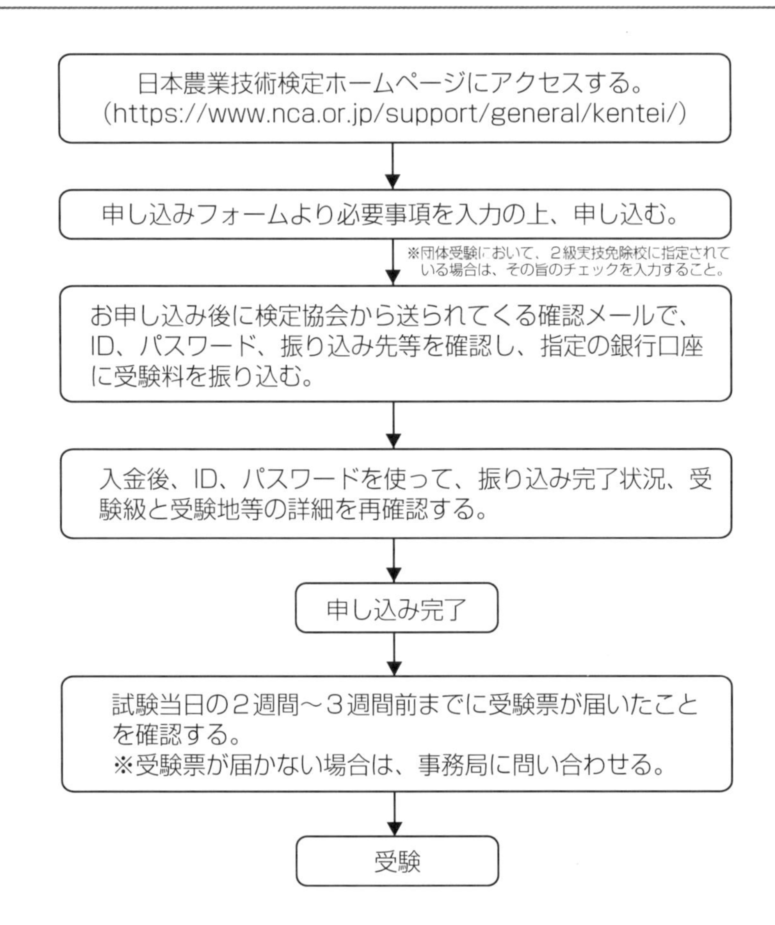

※試験結果通知は約1か月後です。
※詳しい申し込み方法は日本農業技術検定のホームページからご確認ください。
※原則、ホームページからの申し込みを受け付けていますが、インターネット環境がない方のためにFAX、郵送でも受け付けています。詳しくは検定協会にお問い合わせください。
※1級・2級実技試験の内容や申し込み、免除手続き等については、ホームページでご確認ください。

◆お問い合わせ先◆
日本農業技術検定協会（事務局：一般社団法人 全国農業会議所）
〒102-0084 東京都千代田区二番町9－8
中央労働基準協会ビル内
TEL:03(6910)1126 E-mail:kentei@nca.or.jp

日本農業技術検定 検索

●・・試験結果・・●

日本農業技術検定は、2007年度から３級、2008年度から２級、2009年度から１級が本格実施され、近年では毎年23,000人程が受験し、これまでの累計の受験者数は36万人にのぼります。受験者の内訳は、一般、農業高校、専門学校、農業大学校、短期大学、四年制大学（主に農業系)、その他（農協等）です。

受験者数の推移

（人）

	１級	２級	３級	合計
2014年度	258	4,104	18,411	22,773
2015年度	245	4,949	18,926	24,120
2016年度	308	5,350	20,183	25,841
2017年度	277	5,743	20,681	26,701
2018年度	247	5,365	20,521	26,133
2019年度	266	5,311	19,992	25,569
2020年度※	206	3,015	18,790	22,011
2021年度	265	5,908	20,939	27,112
2022年度	243	5,024	17,932	23,199
2023年度	261	4,447	17,573	22,281

※12月検定のみ実施

各受験者の合格率（2023年度）

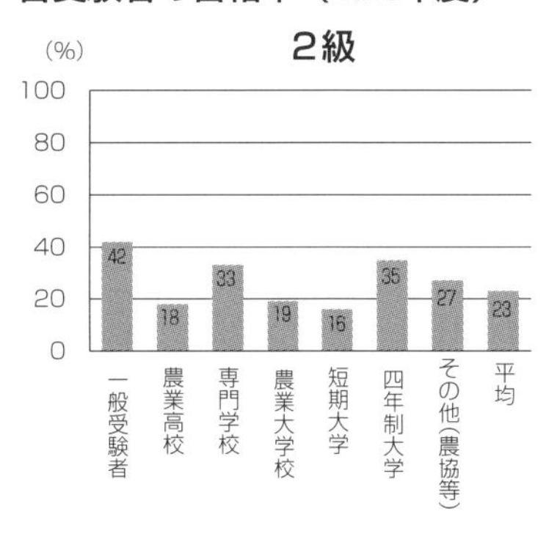

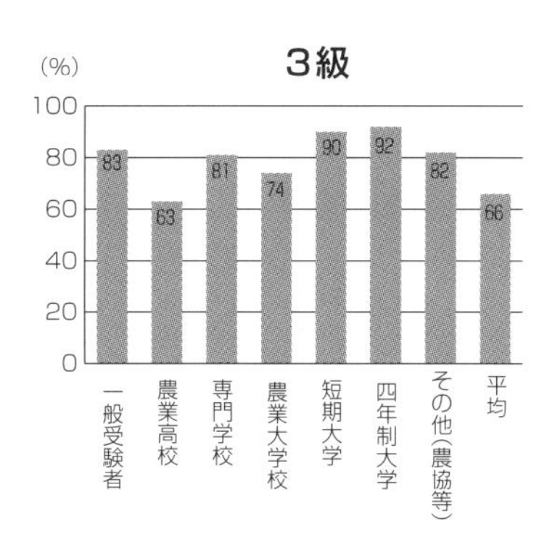

科目別合格率（2023年度）

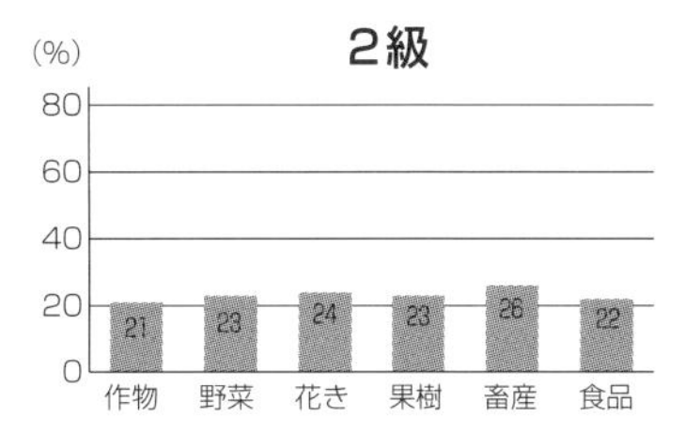

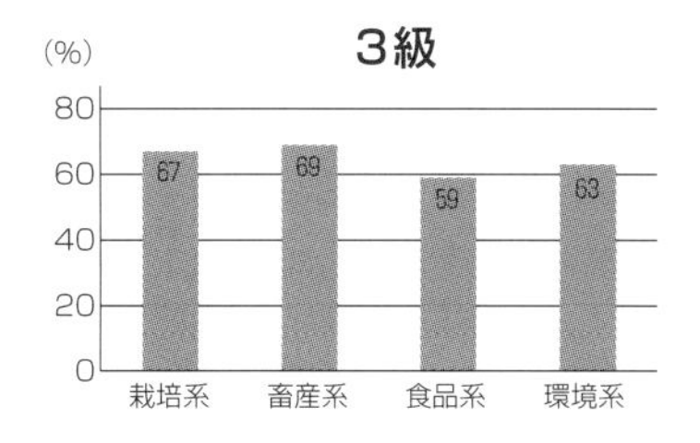

2　勉強方法と試験の傾向

●・・2級 試験の概要・・●

２級試験は、すでに農業や食品産業などの関連分野に携わっている人やある程度の農業についての技術や技能を習得している人を対象とし、３級よりもさらに応用的な専門知識、技術や技能（農作業の栽培管理が可能な基本レベル）について評価します。農業や食品産業などは、ものづくりであるため、実務の基本について経験を通して習い覚えることが大切です。つまり、２級試験では知識だけでなく、実際の栽培技術や食品製造技術などについても求められます。選択科目は６科目に分かれます。

●・・勉強のポイント・・●

（1）専門的な技術や知識・理論を十分に理解する

農業に関係する技術は、気候や環境などの違いによる地域性や栽培方法の多様性などがみられることが技術自体の特殊性ですが、この試験は、全国的な視点から共通することが出題されます。このため、専門分野について基本的な技術や理論を十分に理解することがポイントです。

（2）専門分野をより深める

２級試験は、共通問題10問、選択科目40問の合計50問です（2019年度より変更）。共通問題の出題領域は、農業機械・施設、農産加工・流通、農業経営、農業政策からです。選択科目は、作物、野菜、花き、果樹、畜産、食品の各専門分野から出題されます。

共通問題が少ないため、自身の専門分野をより深めて広げることがポイントになります。選択科目ごとに、動植物の生育の特性、分類、栽培管理、病害虫の種類などを理解しましょう。

（3）専門用語について十分に理解する

技術や技能を学び、実践する時には専門用語の理解度が求められます。自身の専門分野の専門用語について十分に理解することがポイントです。出題領域表の細目にはキーワードを例示していますので、その意味を理解しましょう。

（4）農作物づくりの技術や技能を理解し学ぶ

実際の栽培技術・飼育技術・加工技術などについての知識や体験をもとに、理解力や判断力が求められます。適切な知識に基づく的確な判断は、良い農産物・安全で安心な食品づくりにつながります。このため、農作業の栽培管理に必要な知識や技術、例えば、動植物の生育特性に基づいた、作業の種類と管理方法、病害虫対策の内容、機械器具の選択、さらには当該作物等をめぐる生産動向などの経営環境を学ぶことがポイントです。

●・・傾向と対策・・●

２級試験は、３級試験をふまえ、さらに応用的で現場で必要な専門知識、技術や技能について出題されます。また、３級試験と異なり、①５つの回答群から正答を一つ選び、②合格基準点も原則70点以上となり、かつ、③６分野別の専門知識が必要とされ、試験のレベルが上がりますので、より正確な知識と適切な判断力が求められます。

試験問題の出題領域（次頁参照）が公開されてキーワードが示されているので、まずはその専門用語を十分に理解することが必要となります。

出題領域は、範囲が広く（実用面を考慮して領域以外からも出題されることもあります）、すべてを把握することは労力を要しますので、前頁の「勉強のポイント」を押さえて、次の勉強方法を参考に効率的に勉強しましょう。

◎過去問題を解いて、細目等の出題傾向をつかみ、対策を練る。

◎過去問題の解説で問題を確認し、「２級テキスト」で問題の内容をより深く理解して、知識として定着させる。

◎苦手な分野は、領域を確認しながら、農業高等学校教科書（日本農業技術検定ホームページに掲載）を参照して克服していく。

写真やイラストなどで、実際の現場で使う実践的な知識を増やすことも大事です。また、法律や制度、最新の農業技術や営農の動向など、時事的な情報も押さえておきましょう。

最後に、これまでに頻出度合いの高い問題もありますので、過去の出題問題に十分に目を通しておくことが“合格への近道”です。

3　出題領域

科目	作物名・領域	単元	細　目
共通（農業機械・施設）	原動機	内燃機関	ガソリンエンジン　ディーゼルエンジン
		電動機	三相誘導電動機　単相誘導電動機
	トラクタ	乗用トラクタ	エンジン　4サイクル水冷　スロットル　クラッチ　ブレーキ　走行系　PTO 系　差動装置・デフロック　変速装置（トランスミッション）　スタータ・予熱装置　エアクリーナ　バッテリ　始動前の点検　運転の基本　作業と安全
		歩行用トラクタ	主クラッチ　変速装置　V ベルト　かじ取り装置
		作業機の連結装置	三点支持装置　PTO 軸　油圧装置
	耕うん・整地用機械	すき プラウ	すき はつ土板プラウ　ディスクプラウ
		駆動耕うん機械	ロータリ耕うん機　花形ロータ　かごロータ　駆動円板ハロー　なたづめ　L 形づめ　普通づめ
		土地改良機械	トレンチャ
	育成・管理用機械	施肥機	マニュアスプレッダ　ブロードキャスタ　ライムソーワ
		たねまき機	すじまき機　点まき機　ばらまき機
		移植機	田植機　畑用移植機
		中耕除草機	カルチベータ　刈払い機
		水管理用機械	うず巻きポンプ　エンジンポンプ　スプリンクラ
		防除機	人力噴霧機　動力噴霧機　動力散粉機　ミスト機　ブームスプレーヤ　スピードスプレーヤ
	運搬用機械	動力運搬車	自走式運搬車　トレーラ　トラック　フォークリフト　フロントローダ
		搬送機	コンベヤ　バケットエレベータ　スローワ　ブローワ　モノレール
	施設園芸用機械装置	暖房機	温風暖房機　温水暖房機　蒸気暖房機　電熱暖房機　ヒートポンプ
		環境制御機器	マイクロコンピュータ制御機器
	工具類	レンチ	片口スパナ　両口スパナ　オフセットレンチ（めがねレンチ）　ソケットレンチ　アジャストレンチ　パイプレンチ　トルクレンチ
		プライヤ	ニッパ　ラジオペンチ　ウォーターポンププライヤ
		ドライバ	プラスドライバ　マイナスドライバ
		ハンマ	片手ハンマ　プラスチックハンマ
		その他の工具	プーラ　平タガネ　タップ　ダイス　ノギス　ジャッキ　油さし　グリースガン
	燃料と潤滑油	燃料	LPG　ガソリン　灯油　軽油　重油
		潤滑油	エンジン油　ギヤ油　グリース
共通（農産加工・流通）	農産製造基礎	農産製造の意義	食品製造の目的　食品産業の分類　日本の食品産業の特色
		食品の変質と貯蔵	生物的要因による変質　物理的要因による変質　化学的要因による変質
			食品貯蔵の原理　乾燥　低温　空気組成　殺菌　浸透圧　pH　くん煙
		食品衛生	食品衛生行政　法律
			食中毒の分類　食品による危害　食品添加物
		食品の包装と表示	食品包装の目的　包装材料　包装技術　容器包装リサイクル法
			食品表示制度　食品衛生法　JAS 法　健康増進法
共通（農業経営）	農業経営の情報	情報の収集と活用	経営情報　簿記　会計分析　農作業日誌　生産管理情報　流通・販売管理情報　ヒト・モノ・カネ情報　生産技術情報　気象情報　適期作業情報　生産資材情報　農業機械情報　販売情報　制度情報　農地情報　資金情報
		マーケティング	消費者ニーズ　農産物市場　農産物価格の特徴　需給の特徴　流通の特徴　せり売り　相対取引　卸売市場　共同販売　産地直送販売　電子商取引　アンテナショップ　ニッチの市場　四つの P　ファーマーズマーケット

科目	作物名・領域	単元	細　目
共通（農業経営）	農業経営の管理	農業経営の主体と目標	家族経営　農業経営の法人化　企業経営　青色申告　家族経営協定　農業粗収益　農業経営費　農業生産費　農企業利潤　農業所得　家族労働報酬
		農業生産の要素	土地　労働力　資本　地力　地力維持　低投入型農法　土地基盤整備　労働配分　分業の利益　固定資本　流動資本　収穫漸減の減少　変動費　固定費　固定資本装備率
		経営組織の組み立て	作目　地目　経営部門　基幹作目　比較有利性の原則　差別化製品　高付加価値製品　単一経営　複合経営　多角化　輪作　多毛作　連作　連作障害　競合関係　補合関係　補完関係
共通（農業経営）	農業経営の管理	経営と協同組織	共同作業　共同利用　ゆい　栽培・技術協定　受託　委託　農業機械銀行　産地作り　法人化　農業法人　農地所有適格法人　農事組合法人　集落　農業団体　農協組織　農協の事業　農家小組合　区長　農業委員会　農業共済組合　土地改良区　公民館　農業改良普及
		農業経営の管理	経営者能力　管理運営　経営ビジョン　経営戦略　集約度　集約化　集約度限界　経営規模　規模拡大　農用地の流動化　地価　借地料　施設規模の拡大
	農業経営の会計	取引･勘定･仕訳	簿記　複式簿記　資産　負債　資本　貸借対照表　損益計算　収益　費用　損益計算書　取引　勘定　勘定科目　勘定口座　借方　貸方　取引要素　取引要素の結合　取引の二面性　仕訳　転記
		仕訳帳と元帳	仕訳帳　元帳
		試算表と決算	試算表　精算表　決算
		農産物の原価計算	生産原価　総原価　原価要素　賦課　配賦
	農業経営の診断と設計	農業経営の診断	マネジメントサイクル　経営診断の要点　内部要因　外部要因　実数法　比率法　農業所得率　家族労働報酬　農業所得　集約度　労働生産性　土地生産性　資本生産性　生産性指標　作物収量指数　固定資産　流動資産　農業粗収益　生産量　農業経営費　物財費　収益性分析　技術分析　財務諸表分析　資本利益率　売上高利益率　生産性分析　安全性分析　成長性分析　損益分岐点分析
		農業経営の設計	経営目標　目標水準　経営診断　部門設計　基本設計　経営試算　改善設計　収益目標　生産設計　運営設計　農作業日誌　経営者能力　資金繰り計画　黒字倒産　資金運用表　マーケティング戦略　契約販売　販売チャンネル
共通（農業政策）	農業の動向	わが国の農業	自然的特徴　農家　農業経営の特徴　農業の担い手
		世界の農業	世界の農業　穀物栽培・収穫量
		食料の需給と貿易	食料援助　食料自給率
	農業政策	食料消費	農産物輸入動向　食料消費動向　食料自給率　食育基本法　地理的表示
		農業政策・関係法規	食料･農業･農村基本法　農業基本法　構造政策　認定農業者制度　農地法・農業経営基盤強化促進法　経営所得安定対策　食料自給率
			環境保全型農業　農業の多面的機能　中山間地政策　グリーンツーリズム　WTO　FTA・EPA・TPP　市民農園　新規就農政策
作物	作物をめぐる動向		米の需給・流通・消費動向　作付面積　生産数量目標　経営所得安定対策　飼料米の動向　米の輸入制度
	イネ	植物特性	原産地・植物分類（自然分類生育特性）
		種類・主要品種	日本型　インド型　ジャワ型　水稲　陸稲　うるち　もちコシヒカリ　あきたこまち　ひとめぼれ　ヒノヒカリ　ササニシキ　飼料用イネ
		栽培管理	基本的な栽培管理　ブロックローテーション
		たねもみ	塩水選　芽だし（催芽）　湯温消毒
		苗づくり	稚苗　中苗　成苗　育苗箱　苗代　分げつ　主かん　緑化　硬化　葉齢
		本田での生育・管理	作土　すき床　心土　耕起　砕土　耕うん　代かき　田植え　水管理（深水・中干し・間断かんがい・花）　追肥（分げつ肥･穂）　葉齢指数　不耕起移植栽培　冷害･高温障害

科目	作物名・領域	単元	細目
作物	イネ	収穫・調整	バインダー　コンバイン　天日干し　乾燥機　もみすり　無洗米　検査規格　収量診断
		病害虫防除	いもち病　紋枯れ病　ごま葉枯れ病　白葉枯れ病　しま葉枯れ病　萎縮病　苗立ち枯れ病　雑草　ニカメイガ　セジロウンカ　トビイロウンカ　ツマグロヨコバイ　イナヅマヨコバイ　イネハモグリバエ　イネミズゾウムシ　カメムシ
	ムギ	植物特性	原産地・植物分類（自然分類生育特性）
		種類・主要品種	コムギ　オオムギ　ライムギ　エンバク　４・６倍数体
		利用加工	製粉の種類・特徴
		栽培管理	基本的な栽培管理　播種　麦踏み　秋播性　生育ステージ
		病害虫防除	うどんこ病　黒さび病　赤さび病　裸黒穂病　赤かび病　キリウジガガンボ　アブラムシ
	トウモロコシ	植物特性	原産地・植物分類（自然分類生育特性）　雄穂・雌穂　Ｆ１品種　キセニア　分げつ　収穫後の食味変化
		主要品種	
		栽培管理	基本的な栽培管理　マルチング　播種　間引き　中耕　追肥　土寄せ　除房　積算温度
		病害虫防除	アワノメイガ　アブラムシ　ヨトウムシ　ネキリムシ
	ダイズ	植物特性	原産地・植物分類（自然分類生育特性）　栄養価　完熟種子　未熟種子　緑肥　飼料　根粒菌　連作障害　無胚乳種子
		種類・主要品種	早生（夏ダイズ）　中生（中間）　晩生（秋ダイズ）　遺伝子組み換え
		利用加工	無発酵食品　発酵食品
		栽培管理	基本的な栽培管理　播種　間引き　中耕　土寄せ
		病害虫防除	モザイク病　紫はん病　アオクサカメムシ　ホソヘリカメムシ　ダイズサヤタマバエ　フキノメイガ　マメシンクイガ
	ジャガイモ	植物特性	原産地・植物分類（自然分類生育特性）　根菜類　塊茎
		主要品種	男爵　メークイン
		利用加工	栄養と利用
		栽培管理	基本的な栽培管理　種いも切断　植え付け　（種いもの切断法）　追肥　中耕　除草　土寄せ　収穫適期
	サツマイモ	植物特性	原産地　植物分類（自然分類生育特性）　根菜類　塊根
		主要品種	ベニアズマ　高系14号　コガネセンガン　シロユタカ　紅赤　シロサツマ
		利用加工	栄養と利用
		栽培管理	基本的な栽培管理　マルチング　定植　中耕　除草　土寄せ　植え付け方法　キュアリング　生長点培養苗
		病害虫防除	黒斑病　ネコブセンチュウ　ネグサレセンチュウ
	稲作関連施設	育苗施設	共同育苗施設　出芽室　緑化室　硬化室
		もみ乾燥貯蔵施設	ライスセンタ　カントリーエレベータ
	収穫・調整用機械その他	穀類の収穫調整用機械	自脱コンバイン　普通コンバイン　バインダ　穀物乾燥機　もみすり機　ライスセンタ　カントリーエレベータ　ドライストア
		畑作物用収穫調製機械	堀取り機　ポテトハーベスタ　ビートハーベスタ　オニオンハーベスタ　ケーンハーベスタ　い草刈り取り機　茶園用摘採機　洗浄機　選別機　選果機　選果施設　予冷施設　貯蔵施設　低温貯蔵施設　CA 貯蔵施設
		病害虫防除	化学的防除　生物的防除　物理的防除　IPM 防除　防除履歴　農薬散布作業の安全　農薬希釈計算
野菜	野菜をめぐる動向		野菜の需給・生産・消費動向、加工・業務用野菜対応、野菜の価格安定対策
	トマト	植物特性	原産地・植物分類　園芸分類　生育特性　生食・加工　着果習性　成長ホルモン
		栽培管理	基本的な栽培管理　よい苗の条件　順化（マルチング、定植、整枝、芽かき、摘心、摘果）　着花特性
		病害虫防除	疫病　葉かび病　灰色かび病　輪紋病　ウイルス病　アブラムシ　しり腐れ病　生理障害
	キュウリ	植物特性	原産地・植物分類　園芸分類　生育特性　雌花・雄花　ブルーム（果粉）　無胚乳種子　浅根性　奇形果

科目	作物名・領域	単元	細　目
野菜	キュウリ	栽培管理	基本的な栽培管理 （播種、移植、鉢上げ、マルチング、誘引、整枝、追肥、かん水） 台木
		病害虫防除	つる枯れ病　つる割れ病　炭そ病　うどんこ病　べと病　アブラムシ　ウリハムシ　ハダニ　ネコブセンチュウ
	ナス	植物特性	原産地　長花柱花　作型　品種
		栽培管理	ならし（順化） 幼苗つぎ木　台木　訪花昆虫　更新せん定　ハダニ類・アブラムシ類　出荷規格　生理障害
		病害虫防除	半枯れ病　青枯れ病　いちょう病　ハダニ・コナジラミ・センチュウ
	ハクサイ	植物特性	原産地・植物分類　園芸分類　生育特性　結球性
		栽培管理	基本的な栽培管理 （播種、間引き、鉢上げ、定植、中耕、追肥）
		病害虫防除	ウイルス病　軟腐病　アブラムシ　コナガ　モンシロチョウ　ヨトウムシ
	ダイコン	植物特性	原産地・植物分類　園芸分類　生育特性　生食・加工　根菜類　抽根性　岐根　す入り
		栽培管理	基本的な栽培管理 （播種、間引き、追肥、中耕、除草、土寄せ）
		病害虫防除	苗立ち枯れ病　軟腐病　いおう病　ハスモンヨトウ　キスジノミハムシ　アブラムシ
	メロン	植物特性	原産地・植物分類　園芸分類　生育特性
		栽培管理	基本的な栽培管理　おもな病害虫
	スイカ	植物特性	原産地・植物分類　園芸分類　生育特性
		栽培管理	基本的な栽培管理　おもな病害虫
	イチゴ	植物特性	原産地・植物分類　園芸分類　生育特性
		栽培管理	基本的な栽培管理　おもな病害虫
	キャベツ	植物特性	原産地・植物分類　園芸分類　生育特性
		栽培管理	基本的な栽培管理　おもな病害虫
	レタス	植物特性	原産地・植物分類　園芸分類　生育特性
		栽培管理	基本的な栽培管理　おもな病害虫
	タマネギ	植物特性	原産地・植物分類　園芸分類　生育特性
		栽培管理	基本的な栽培管理　おもな病害虫
	ニンジン	植物特性	原産地・植物分類　園芸分類　生育特性
		栽培管理	基本的な栽培管理　おもな病害虫
	ブロッコリー・カリフラワー	植物特性	原産地・植物分類　園芸分類　生育特性
		栽培管理	基本的な栽培管理　おもな病害虫
	ホウレンソウ	植物特性	原産地・植物分類　園芸分類　生育特性
		栽培管理	基本的な栽培管理　おもな病害虫
	ネギ	植物特性	原産地・植物分類　園芸分類　生育特性
		栽培管理	基本的な栽培管理　おもな病害虫
	スイートコーン	植物特性	原産地・植物分類　園芸分類　生育特性
		栽培管理	基本的な栽培管理　おもな病害虫
	園芸施設	園芸施設の種類	栽培施設　ガラス室　ビニルハウス　片屋根型　両屋根型　スリークオータ型　連棟式　単棟式　骨材　木骨温室　鉄骨温室　半鉄骨温室　アルミ合金骨温室　棟の方向　1棟の規模　屋根の勾配　硬質樹脂板　ガラス繊維強化ポリアクリル板　プラスチックハウス　塩化ビニル　酢酸ビニル　ポリエチレン　農ポリ　農PO　硬質フィルム　屋根型　半円型　鉄骨式　木骨式　パイプ式　移動式　固定式　パイプハウス　ベンチ式　ベッド式　養液栽培　結露水排除
		温室・ハウスの環境調節 選果貯蔵施設	温度の調節　保温　加温　温水暖房　温風暖房　ストーブ暖房　電熱暖房　加温燃料　電気　LPガス　灯油　A重油　養液栽培　換気　自然換気　強制換気　自動開閉装置　換気扇　冷房　冷水潅流装置　ミストアンドファン式　パッドアンドファン式　温室クーラー　細霧冷房　湿度　加湿　ミスト装置　光の調節　潅水自動制御装置　植物育成用ランプ　遮光　土壌水分調節　潅水設備　共同選果場　非破壊選果　光センサ　糖度センサ　カラーセンサ　低温貯蔵施設　CA貯蔵施設　ヒートポンプ

科目	作物名・領域	単元	細　目
野菜	施設栽培	野菜の施設栽培	テンシオメータ　塩類集積　電気伝導度　客土　クリーニングクロップガス障害　二酸化炭素の施用　養液栽培　水耕　砂耕　NFT　ロックウール耕　噴霧耕　コンピュータ制御　養液土耕
	機械	省力機械	
	病害虫防除	病害虫防除の基礎	化学的防除　生物的防除　物理的防除　IPM　防除履歴　農薬散布作業の安全　農薬希釈計算
	その他		貯蔵・利用加工　種子寿命　加工種子
花き	花きをめぐる動向		花きの特性、生産・流通・消費動向、輸出入動向
	花の種類	1年草	アサガオ　ヒマワリ　マリーゴールド　コスモス　ケイトウ　ナデシコ　パンジー　ビオラ　プリムラ類　ベゴニア類　サルビア　ハボタン　ジニア　コリウス
		2年草	カンパニュラ
		宿根草	キク　カーネーション　シュッコンカスミソウ　キキョウ　ジキタリス　オダマキ
		球根類	チューリップ　ユリ　ヒアシンス　グラジオラス　フリージア　クロッカス　シクラメン　カンナ　ラナンキュラス　アルストロメリア　ダリア
		花木	バラ　ツツジ　ハイドランジア　ツバキ
		ラン類	シンビジウム　カトレア　ファレノプシス　デンドロビウム　オンシジウム
		多肉植物	カランコエ　アロエ　サボテン類
		観葉植物	シダ類　ポトス　フイカス類　ヤシ類　ドラセナ類
		温室植物	ポインセチア　ハイビスカス　セントポーリア　ミルトニア　シャコバサボテン
		ハーブ類	ラベンダー　ミント類
		緑化樹・地被植物	コニファー類　ツタ
	花きの基礎用語	植物特性	陽生植物　陰生植物　ロゼット　光周性　バーナリゼーション
		花の繁殖方法	種子繁殖　栄養繁殖　さし芽　取り木　株分け　分球　接ぎ木　微粒種子　硬実種子　明発芽　暗発芽　植物組織培養　セル成型苗
		容器類	育苗箱　セルトレイ　プラ鉢　ポリ鉢　素焼き鉢
		用土	黒土　赤土　鹿沼土　ピートモス　腐葉土　水苔　バーミキュライト　パーライト　軽石　バーク類
		潅水方法	手潅水　チューブ潅水　ノズル潅水　底面給水　腰水マット給水　ひも給水
	栽培基礎	栽培	種子繁殖方法　植え方　鉢間　肥培管理　EC　pH　植物調整剤　開花調節（電照　遮光（シェード））DIF　栄養繁殖方法　養液土耕　種苗法　色素　茎頂培養　植物ホルモン　品質保持剤　セル生産システム　自動播種機　ガーデニング
	シクラメン	植物特性	球根（塊茎）サクラソウ科　種子繁殖　品種系統
		栽培管理	基本的な栽培管理　たねまき　生育適温　移植・鉢あげ・鉢替　葉組み　遮光
		病害虫防除	軟腐病　葉腐細菌病　灰色かび病　炭疽病　ハダニ　アザミウマ
	プリムラ類	植物特性	品種系統　ポリアンサ　オブコニカ　マラコイデス
		栽培管理	たねまき　生育適温　移植・鉢あげ・鉢替　遮光
	キク	植物特性	切り花　鉢花（ポットマム・クッションマム）品種系統　夏ギク　夏秋ギク　秋ギク　寒ギク
		栽培管理	基本的な栽培管理　さし芽　苗作り　摘心　摘芽・摘らい　ネット張り　電照等
		病害虫防除	黒斑病　えそ病　白さび病　うどんこ病　アザミウマ（スリップス）類　アブラムシ類　ハダニ類
	カーネーション	植物特性	切り花　品種系統　スタンダード　スプレー　ダイアンサス
		栽培管理	基本的な栽培管理　さし芽　苗作り　摘心　摘芽・摘らい　ネット張り
		病害虫防除	茎腐れ病　さび病　ハダニ類　アザミウマ（スリップス）類　萎ちょう病

科目	作物名・領域	単元	細目
花き	バラ	植物特性	切り花　品種系統　ハイブリッド
		栽培管理	基本的な栽培管理　さし芽　苗作り　摘心　摘芽・摘らい　ネット張り
		病害虫防除	黒点病　うどんこ病　べと病　根頭がんしゅ病　アブラムシ類　ハダニ類　アザミウマ（スリップス）類
	ユリ	植物特性	オリエンタルハイブリッド　アジアティックハイブリッド　基本的な栽培管理
	ラン	植物特性	品種登録名　着生種・地生種
	切り花一般	種類と栽培基礎	ユリ・カスミソウ・ストック・ユーストマ
	ポストハーベスト	鮮度保持	STS　鮮度保持剤　保冷　エチレン　低温流通
	園芸施設	園芸施設の種類	栽培施設　ガラス室　ビニルハウス　片屋根型　両屋根型　スリーコーター型　連棟式　単棟式　骨材　木骨温室　鉄骨温室　半鉄骨温室　アルミ合金骨温室　棟の方向　１棟の規模　屋根の勾配　硬質樹脂板　ガラス繊維強化ポリエステル板　アクリル板　プラスチックハウス　塩化ビニル　酢酸ビニル　ポリエチレン　屋根型　半円型　鉄骨式　木骨式　バイプ式　移動式　固定式　パイプハウス　ベンチ式　ベッド式　養液栽培
		温室・ハウスの環境調節	温度の調節　保温　加温　温水暖房　温風暖房　ストーブ暖房　電熱暖房　加温燃料　電気　LPガス　灯油　A重油　換気　自然換気　強制換気　自動開閉装置　換気扇　冷房　冷水潅流装置　ミストアンドファン式　パッドアンドファン式　温室クーラー　細霧冷房　湿度　加湿　ミスト装置　光の調節　潅水自動制御装置　植物育成用ランプ　遮光（シェード）　土壌水分調節　潅水設備
	施設栽培	草花の施設栽培	被覆資材　光線透過率　保温性　作業性　耐久性　耐侯性　側窓　天窓　間口　軒高　ヒートポンプ装置　複合環境制御システム
	機械	省力機械	自動播種機　土入れ機
	病害虫防除	病害虫防除の基礎	化学的防除　生物的防除　物理的防除　IPM　防除履歴　農薬散布作業の安全　農薬希釈計算
	その他		輸入花木
果樹	果樹をめぐる動向		果実の需給・生産・流通・消費動向、輸出入動向
	果樹の種類 生産現状	落葉性果樹	リンゴ　ナシ　モモ　オウトウ　ウメ　スモモ　クリ　クルミ　カキ　ブドウ　ブルーベリー　キウイフルーツ　イチジク
		常緑性果樹	カンキツ　ビワ
	果樹の栽培技術 果樹の基礎用語	成長	結果年齢　幼木・若木・成木・老木　休眠　生理的落果　自家受粉　和合性・不和合性　受粉樹　人工受粉　単為結果　葉芽・花芽　ウイルスフリー　結果習性　隔年結果　果実肥大・熟期促進処理
		枝	主幹　主枝　亜主枝　側枝　樹形　主幹系　変則主幹系　開心自然形　平たな　矮化仕立て　長果枝　中果枝　短果枝　頂部優勢　徒長枝
		栽培	袋かけ　かさかけ　摘らい　摘果　せん定（強せん定・弱せん定）　間引き・切り返し　誘引　摘心　袋掛け　環状はく皮　有機物施用　深耕　清耕法　草生法　マルチング　潅水　３要素の影響　元肥　追肥　春肥（芽だし肥）　夏肥（実肥）　秋肥（礼肥）　葉面散布　台木　穂木　枝接ぎ　芽接ぎ　休眠枝さし　緑枝さし　糖度計　ECメーター　テンシオメーター　カラーチャート　スプリンクラー　スピードスプレヤー　光センサー　糖（果糖　ブドウ糖　ショ糖　ソルビトール）　酸（リンゴ酸　クエン酸　酒石酸）　風害　干害　凍霜害
	リンゴ	植物特性	適地　主要生産地
		品種	主要品種
		栽培管理 病害虫・生理障害	基本的な栽培管理　人工受粉　頂芽　摘らい　摘花　摘果　有袋栽培　無袋栽培　黒星病　斑点落葉病　ふらん病　炭そ病　アブラムシ　シンクイムシ類　ハマキムシ類　ハダニ類　粗皮病　ビターピット　縮果病

科目	作物名・領域	単元	細　目
果樹	ナシ	植物特性	ニホンナシ　セイヨウナシ　青ナシ・赤ナシ
		品種	主要品種
		栽培管理	基本的な栽培管理　芽かき　人工受粉　摘らい　摘花　摘果　袋かけ　ジベレリン処理
		病害虫・生理障害	黒星病　赤星病　シンクイムシ病
	ブドウ	植物特性	欧州種　米国種　欧米雑種　主要生産地
		品種	主要品種
		栽培管理 病害虫・生理障害	基本的な栽培管理　芽かき　誘引　摘心　花ぶるい　整房　摘房　摘粒　ジベレリン処理　袋かけ　かさかけ　せん定　黒とう病　晩腐病　べと病　灰色かび病　ブドウトラカミキリ　ブドウスカシバ　ドウガネブイブイ　ねむり病　花ぶるい
	カキ	植物特性	甘柿　渋柿　脱渋　雌花・雄花
		品種	主要品種
		栽培管理 病害虫・生理障害	基本的な栽培管理　摘らい　生理落果　摘果　夏季せん定　脱渋　炭素病　カキノヘタムシガ（カキミガ）
	モモ	植物特性	油桃（ネクタリン）　離核・粘核性　縫合性　双胚果　核割果
		品種	白鳳　白桃　あかつき　赤色系　白色系　黄色系
		栽培管理 病害虫・生理障害	基本的な栽培管理　人工受粉　摘らい　摘花　摘果　袋かけ　芽かき　縮葉病　シンクイムシ類　いや地（連作障害）　樹脂病
	カンキツ	植物特性	原産地　生育特性　隔年結果　単為結果性
		主要種類	温州ミカン　ポンカン　雑柑　スイートオレンジ
		栽培管理 病害虫・生理障害	基本的な栽培管理　摘花　摘果　土壌流ぼう防止　水分調整　施肥　かいよう病　そうか病　黒点病　浮き皮
	ブルーベリー	特性・管理	ツツジ科　ハイブッシュ　ラビットアイ　土壌（酸性）　防鳥　収穫
	オウトウ・スモモ	特性・管理	
	園芸施設	園芸施設の種類	栽培施設　ガラス室　ビニルハウス　片屋根型　両屋根型　スリーコーター型　連棟式　単棟式　骨材　木骨温室　鉄骨温室　半鉄骨温室　アルミ合金骨温室　棟の方向　1棟の規模　屋根の勾配　硬質樹脂板　ガラス繊維強化ポリアクリル板　ビニルハウス　プラスチックハウス　塩化ビニル　酢酸ビニル　ポリエチレン　屋根型　半円型　鉄骨式　木骨式　パイプ式　移動式　固定式　パイプハウス　棚栽培　養液栽培　根域制限（容器栽培）
		温室・ハウスの環境調節	温度の調節　保温　加温　温水暖房　温風暖房　ストーブ暖房　電熱暖房　加温燃料　電気　LPガス　灯油　A重油　換気　自然換気　強制換気　自動開閉装置　換気扇　冷房　冷水潅流装置　ミストアンドファン式　パッドアンドファン式　温室クーラー　細霧冷房　湿度　加湿　ミスト装置　光の調節　潅水自動制御装置　植物育成用ランプ　遮光　土壌水分調節　潅水設備　排水施設
		選果貯蔵施設	共同選果場　非破壊選果　光センサ　糖度センサ　カラーセンサ　低温貯蔵施設　CA貯蔵施設
	施設栽培	果樹の施設栽培	丸屋根式・単棟　丸屋根式・連棟　両屋根式・単棟　両屋根式・連棟　超早期加温　早期加温　標準加温　後期加温　休眠打破　根域制限栽培（コンテナ・ボックス）　養液栽培　マルチング栽培　貯蔵とキュアリング
	果樹用の機械		
	病害虫防除	病害虫防除の基礎	化学的防除　生物的防除　物理的防除　IPM　防除履歴　農薬散布作業の安全　農薬希釈計算
	その他		貯蔵・利用加工
畜産	畜産をめぐる動向		家畜の飼養動向、畜産物の需給動向、畜産物の輸出入動向、畜産経営安定対策
	ウシ	品種	乳牛　（ホルスタイン・フリージアン種　ジャージー種　ガンジー種　エアシャー種　ブラウン・スイス種　）
			肉牛　（黒毛和種　無角和種　褐毛和種　日本短角種　海外の主要肉用牛品種）

科目	作物名・領域	単元	細　目
畜産	ウシ	外ぼう　生理・解剖	各部の名称　乳器　体型の測定法　消化器　メスの生殖器
		病気	結核　ブルセラ病　鼓脹症　乳房炎　乳熱　カンテツ症　低マグネシウム血症　ケトーシス　第4胃変位　フリーマーチン　ルーメンアシドーシス　炭疽　牛海綿状脳症（BSE）　口蹄疫
	ブタ	品種	ランドレース種　ハンプシャー種　大ヨークシャー種　デュロック種　バークシャー種　中ヨークシャー種
		外ぼう　繁殖 生理・解剖	各部の名称　消化器　メスの生殖器
		病気	豚熱　豚丹毒　萎縮性鼻炎　トキソプラズマ病　日本脳炎　寄生虫　豚流行性肺炎　オーエスキー病　口蹄疫
	ニワトリ	品種	卵用種　白色レグホーン種
			肉用種　白色コーニッシュ種　白色プリマスロック種
			卵肉兼用種　横はんプリマスロック種　ロードアイランドレッド種　名古屋種
		その他品種	観賞用種　JAS 地鶏　等
		外ぼう	各部の名称
		生理・解剖	骨格　産卵鶏の生殖器　消化器
		病気	ひな白痢　ニューカッスル病　鶏痘　鶏白血病　鶏ロイコチトゾーン症　マレック病　呼吸器性マイコプラズマ病
			鶏コクシジウム症　鶏伝染性気管支炎　鶏伝染性こう頭気管炎　寄生虫　高病原性鳥インフルエンザ　伝染性コリーザ
	家畜の飼育	飼育の基礎	役畜　草食動物　肉食動物　雑食動物
		家畜の育種	形質の遺伝　選抜　交配　改良目標　審査・登録
		家畜の繁殖と生理	解剖と生理　繁殖とホルモン　生殖細胞　発情と発情周期（性周期）　人工授精　精液　妊娠と分娩　繁殖障害　妊娠期間　初乳成分　胚移植技術
		家畜の栄養と飼料	栄養素　代謝　消化吸収　飼養標準　飼料の加工処理　飼料の貯蔵　飼料の種類と特性　無機質飼料　単胃動物　反すう動物　飼料要求率　TDN
		飼料作物・飼料	牧草　粗飼料　濃厚飼料　青刈作物　サイレージ　乾草　ヘイレージ　穀類　植物性油粕類　ぬか類　製造粕類　動物質飼料　草地と放牧
		家畜の管理	家畜の生産と環境　育成管理　家畜の健康管理　糞尿処理　生産指標（計算を含む）
		用具・器具 繁殖用具 衛生用具	標識　脚帯ペンチ　耳標装着器　耳刻器　削蹄用具　ふ卵器　給餌器　給水器　検卵器　育すう器　洗卵選別器　デビーカー　牛鼻かん　牛鼻かん子　体尺計　キャリパー　ミルカー　スタンチョン　バルククーラ　カウトレーナー　胴締器　観血去勢器　無血去勢器　除角用具　人工授精用具　ストローカッター　凍結精液保存器　子宮洗浄用具　聴診器　導乳管　胃カテーテル　外科刀　外科ばさみ　毛刈りばさみ　膣鏡　開口器　血球計算盤　集卵器　縫合針　縫合糸　持針器　連続注射器　ストリップカップ　ティートディップビン
		家畜の衛生 薬剤 ワクチン ホルモン剤	家畜衛生関係法規　疾病の原因と予防　消毒の原理と方法　健康診断法（体温、呼吸、脈拍、糞尿等）　抗生物質　ヨードチンキ　逆性石けん　クレゾール石けん　消毒用アルコール　オルソ剤　寄生虫駆除剤　薬剤の調合・希釈　生ワクチン　不活化ワクチン　接種　卵胞刺激ホルモン（FSH）　LH（黄体形成ホルモン）　オキシトシン　ヒト絨毛性性腺刺激ホルモン（hCG）　妊馬血清性性腺刺激ホルモン（PMSG）　プロスタグランジンF 2α（PGF 2α）
	畜産物の利用	乳	乳成分　牛乳　チーズ　バター　ヨーグルト　アイスクリーム　殺菌法
		肉	枝肉（牛・豚）　枝肉歩留　脂肪交雑　ハム　ソーセージ　ベーコン　枝肉格付け
		卵	鶏卵の構造　鶏卵の品質　マヨネーズ

科目	作物名・領域	単元	細　目
畜産	施設・機械	酪農施設	スタンチョン方式　フリーストール方式　タイストール方式　ルーズバーン方式　カーフハッチ　ペン　サイロ　ミルキングパーラ　バーンクリーナ　バーンスクレーパ
		養豚施設	ウィンドウレス豚舎　開放豚舎　おが粉豚舎　繁殖豚房　分娩豚房　子豚育成豚房　雄豚房　群飼房　肥育豚房　分娩柵　デンマーク式豚舎　すのこ式豚舎　SPF 豚舎
		養鶏施設	自動除糞機　ウインドウレス鶏舎　開放鶏舎　自動集卵機　ケージ鶏舎　平飼い鶏舎　バタリー式
		飼料用収穫調製機械	飼料作物の栽培などに利用する農業機械（フォレージハーベスタ　コーンハーベスタ　モーアコンディショナ　ヘイコンディショナ　ヘイテッダ　ヘイレーキ　ロールベーラ　マニュアスプレッダ　ディスクモーア　など）
食品	食品をめぐる動向		食料消費をめぐる変化　食品表示・安全対策の動向
	農産物加工の意義	目的と動向	食品の特性　貯蔵性　利便性　嗜好性　簡便性　栄養性
	食品加工の基礎	食品の分類	食品標準成分表　乾燥食品　冷凍食品　塩蔵・糖蔵食品　ビン詰・缶詰・レトルト食品　インスタント食品　発酵食品
		栄養素	炭水化物　脂質　タンパク質　無機質　ビタミン　機能性
		食品成分分析	基本操作　基本的な分析法　水分　タンパク質　脂質　炭水化物　還元糖　無機質　ビタミン　pH　比重　感応検査　テクスチャー
	食品の変質と貯蔵	変質の原因	生物的要因　発酵と腐敗　微生物検査　物理的要因　化学的要因
		貯蔵法	貯蔵法の原理　乾燥　水分活性　低温　低温障害　MA 貯蔵　殺菌　微生物の耐熱性　浸透圧　pH　くん煙　抗酸化物質
	食品衛生	食中毒	食品衛生　食中毒の分類　有害物質による汚染　食品による感染症・アレルギー　食品添加物
		衛生検査	異物検査　微生物検査　水質検査　食品添加物検査
	食品表示と包装	法律	食品表示法　食品衛生法　JAS 法　食品安全基本法　健康増進法　製造物責任法　包装容器リサイクル法
		包装	包装の目的・種類　包装材料　包装技術　包装食品の検査
	農産物の加工	穀類	米　麦　トウモロコシ　ソバ　デンプン　タンパク質　米粉　小麦製粉　餅　パン　菓子類　まんじゅう　めん類　加工法
		豆類・種実類	大豆　落花生　あずき　インゲン　脂質　タンパク質　ゆば　豆腐・油揚げ　納豆　みそ　しょうゆ　テンペ　あん　もやし　加工法
		いも類	ジャガイモ　サツマイモ　いもデンプン　ポテトチップ　フライドポテト　切り干しいも　いも焼酎　こんにゃく　加工法
		野菜類	成分特性　鮮度保持　冷凍野菜　カット野菜　漬物　トマト加工品
		果樹類	成分特性　糖　有機酸　ペクチン　ジャム　飲料　シロップ漬け　乾燥果実　カット果実
	畜産物の加工	肉類	肉類の加工特性　ハム　ソーセージ　ベーコン　スモークチキン　塩漬　くん煙
		牛乳	牛乳の加工特性　脂肪　タンパク質　検査　牛乳　発酵乳　乳酸菌飲料　チーズ　アイスクリーム　クリーム　バター　練乳　粉乳
		鶏卵	鶏卵の構造　鶏卵の加工特性　マヨネーズ　ゆで卵　ピータン
	発酵食品	微生物	発酵　腐敗　細菌　糸状菌　酵母
		みそ・しょうゆ	製造の基礎　原料　麹　酵母
		酒類	製造の基礎　酵素　ワイン　ビール　清酒　蒸留酒
	製造管理	機械装置	加熱装置　熱交換器　冷却装置
		品質管理	品質管理の必要性　従業員の管理と教育　設備の配置と管理
		作業体系	作業体系の点検と改善　ISO　HACCP

（注）2級の出題領域表は、「農作業の栽培管理等が可能な基本レベル」としての目安としての例示ですので、実用面を考慮して、これ以外から出題されることもあります。

2023年度　第1回（7月8日実施）

日本農業技術検定　2級　試験問題

◎受験にあたっては、試験官の指示に従って下さい。
　指示があるまで、問題用紙をめくらないで下さい。
◎受験者氏名、受験番号、選択科目の記入を忘れないで下さい。
◎問題は全部で５０問あります。１～１０が農業一般、１１～５０が選択科目です。
　選択科目は１科目だけ選び、解答用紙に選択した科目をマークして下さい。
　選択科目のマークが未記入の場合には、得点となりません。
◎すべての問題において正答は１つです。１つだけマークして下さい。
　２つ以上マークした場合には、得点となりません。
◎試験時間は６０分です（名前や受験番号の記入時間を除く）。

【選択科目】

解答一覧は、「解答・解説編」（別冊）の２ページにあります。

日付			
点数			

農業一般

1 □□□

食料・農林水産業の生産力向上と持続性の両立のためのイノベーションを推進し、持続可能な食料供給を実現するために、農林水産省が2021（令和３）年５月に策定した方策として、最も適切なものを選びなさい。

①農業競争力強化支援法
②みどりの食料システム戦略
③６次産業化法
④地球温暖化対策計画
⑤食料・農業・農村基本計画

2 □□□

わが国の2021（令和３）年における農林水産物・食品の輸出の説明として、最も適切なものを選びなさい。

①国・地域別ではアジアやアメリカよりもEUへの輸出額が多い。
②品目別の輸出額は、多い順に林産物、農産物、水産物となっている。
③海外市場の低迷により販路拡大が難しく、輸出額は伸び悩んでいる。
④輸出額は政府が目標に掲げた１兆円を初めて超えた。
⑤2030年には輸出額１兆円を目標に輸出拡大を進めている。

3 □□□

わが国の農地に関する説明として、最も適切なものを選びなさい。

①農業経営を目的とした農産加工や堆肥等の施設用地は農地に含まれる。
②農地を転用する場合は、市町村農業委員会の許可が必要である。
③市街化区域内の農地を転用する場合は届け出だけで許可は不要である。
④農地の権利移動により、宅地など農業以外での活用を促進することを農地の流動化という。
⑤農地を所有または借り入れて、利用する農地面積を拡大することを、農地の集約化という。

4 □□□

食品の生産から加工・処理、流通、販売までの過程を明確に記録して、食品の行方を追跡したり、出所をつきとめられるようにすることを何というか、最も適切なものを選びなさい。

①ユニットロードシステム
②トレーサビリティシステム
③コールドチェーン
④リアルタイムシステム
⑤モーダルシフト

5 □□□

経営は「設計（計画）→実行（運営）→診断（反省・評価）」を繰り返すことにより、経営の改善を図りながら進められる。この繰り返しのことを何というか、最も適切なものを選びなさい。

①コスト・リーダーシップ戦略
②マーケティング戦略
③マーケティングサイクル
④マネジメントサイクル
⑤プロダクトライフサイクル

6 □□□

簿記において、仕訳帳から総勘定元帳への転記が正しく行われたかどうかを確かめるために作成する表として、最も適切なものを選びなさい。

①貸借対照表
②損益計算書
③総勘定元帳
④精算表
⑤試算表

7 □□□

次の（　　）にあてはまる金額として、最も適切なものを選びなさい。

「期首の資産総額は4,600千円で、負債総額は2,200千円であった。期末の資産総額が5,000千円で、この期間中の当期純利益が300千円であるとき、期末の負債総額は（　　　　）である。」

①2,400千円
②2,300千円
③2,200千円
④2,100千円
⑤2,000千円

8 □□□

わが国の総合食料自給率の供給熱量（カロリー）ベースの求め方の（　　）にあてはまる語句として、最も適切なものを選びなさい。

「供給熱量（カロリー）ベース総合食料自給率
＝１人１日当たり（　　）／１人１日当たり供給熱量」

①国産供給熱量
②国産摂取熱量
③国内消費仕向量
④国内消費量
⑤国内生産量

9 □□□

農作業事故に関する説明として、最も適切なものを選びなさい。

①近年の農作業事故による死亡者数は毎年約100人にのぼる。
②年間の就業者10万人当たり死亡者数は、農業よりも建設業の方が多い。
③農業機械作業を担うことが多い65歳未満の死亡事故がほとんどである。
④農業機械作業による死亡は農用運搬車による事故が最も多い。
⑤農作業中の熱中症による死亡者数は近年増加傾向にある。

10 □□□

地球温暖化防止に関する説明として、最も適切なものを選びなさい。

①地球温暖化の要因である温室効果ガスのうちで一番多いのは窒素ガスである。

②国連気候変動枠組み条約第１回締約国会議で初めて先進国の削減目標を定めた。

③パリ協定で世界の平均気温上昇を産業革命前より1.5～２℃以下に抑えることを目標とした。

④日本では地球温暖化防止に関する法律は制定されていない。

⑤農林水産分野での地球温暖化対策は農地土壌に係る対策が主体である。

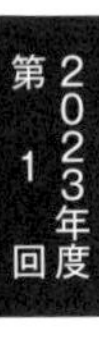

選択科目（作物）

11 □□□

イネの葉の構造と機能に関する記述として、最も適切なものを選びなさい。

①葉に葉耳はない。
②葉鞘には炭水化物の貯蔵機能がある。
③機動細胞は葉身の全体に広がって存在する。
④葉の基部に分裂組織がある。
⑤葉鞘の成長後に葉身が伸張する。

12 □□□

イネ栽培における水の機能として、最も適切なものを選びなさい。

①雑草の発芽・生育を抑制する。
②有害物質を蓄積し、連作障害を引き起こす。
③肥料や農薬の効果を抑制する。
④低温や高温障害を助長する。
⑤土壌を酸化させて地力を低減する。

13 □□□

水田畦畔の説明として、最も適切なものを選びなさい。

①畦畔はイネの栽培面積が制限されるため必要ない。
②機械の移動が制限されるため畦畔の高さは3㎝未満で、極力低い方が望ましい。
③圃(ほ)場の区画や境界を決めるためのもので、すべての畦畔は国有地である。
④集中豪雨等の時に水田から早く排水させるために畦畔はない方がよい。
⑤畦畔があることにより圃(ほ)場の水管理ができ、水田の多面的機能が発揮できる。

14 □□□

種もみの条件として、最も適切なものを選びなさい。
①雑草の種子が混入していてもよい。
②発芽率が80％以上あればよい。
③種子消毒を行うので、病原菌が付着していても問題はない。
④異品種の種もみが混じっていないこと。
⑤比重0.9の塩水選で沈むこと。

15 □□□

イネの根の診断に関する説明として、最も適切なものを選びなさい。
①新しい根は白くつやがあるが、次第に透明になる。
②排水や透水のよい田、田畑輪換田など土壌中の酸素が豊富な場合に分枝根は多くなる。
③生育中期以降、根のところどころが黒く、とくに分枝根が黒くなる障害を“獅子の尾状の根”という。
④根が腐って半透明になり、根の中心の組織が外から透けて見える障害を“虎の尾状の根”という。
⑤土中の硫化水素などにおかされると、先端近くから多くの分枝根が出て、腐れ根になる。

16 □□□

イネの倒伏防止に関する説明として、最も適切なものを選びなさい。
①移植栽培も直まき栽培も倒伏程度は変わらない。
②１株植え付け本数は多くても倒伏に影響しない。
③密植栽培は、疎植栽培に比べて茎が太くなり倒伏を抑える。
④中干しはしないほうが倒伏を防げる。
⑤紋枯病の防除は倒伏を軽減する。

17 □□□

緑肥作物の後作イネに関する記述として、最も適切なものを選びなさい。
①緑肥作物栽培は過剰な資材費と労力がかかるため、メリットがない。
②マメ科緑肥をすき込めば、水田にガス障害は発生しにくい。
③緑肥作物すき込みの場合、イネの生育診断に応じた生育調整が望ましい。
④緑肥作物すき込みの場合、元肥を通常の２倍量施用し、窒素飢餓を防止する。
⑤レンゲ等緑肥作物のすき込みは、代かき直前に行う。

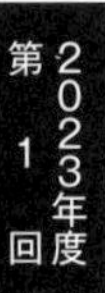

18 □□□

夜間照明によるイネの光の影響に関する記述として、最も適切なものを選びなさい。

①光合成が促進されて収量が増える。
②登熟が促進されて収量が増え、品質が向上する。
③ニカメイチュウ等の害虫被害を受けない。
④未熟米が減少する。
⑤出穂が遅延もしくは抑制される。

19 □□□

水田のメタンガス発生抑制技術として、最も適切なものを選びなさい。

①稲わらのすき込みは代かき直前に行う。
②鉄資材の施用を控える。
③代かきを通常より増やして、ていねいに行う。
④中干しの期間を短く、軽くする。
⑤出穂後、間断かんがいする。

20 □□□

水稲用除草剤の薬害が生じやすい条件として、最も適切なものを選びなさい。

①やや深植えしたイネ
②初期生育の不良イネ
③減水深が小さい水田
④土壌が粘土質の水田
⑤除草剤散布後、低温に遭遇した時

21 □□□

下図はイネの収量構成要素の調査・計算の手順を示したものである。図中のDに適する項目として、正しいものを選びなさい。

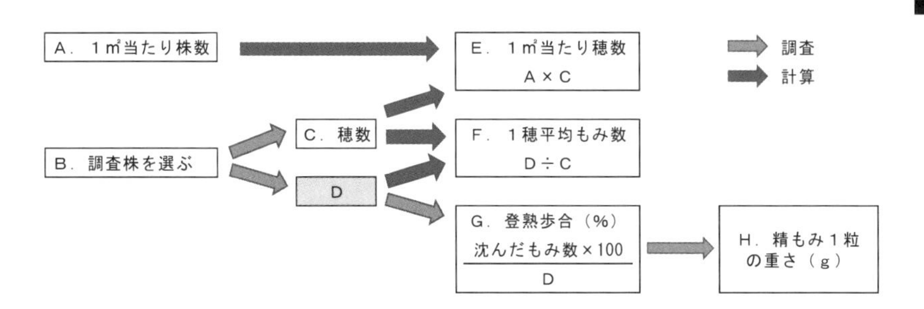

①もみ数
②葉数
③株数
④もみ重量
⑤穂重量

22 □□□

陸稲（りくとう、おかぼ）の説明として、最も適切なものを選びなさい。

①水稲品種は、畑の状態では栽培できない。
②陸稲品種は、水田の状態では栽培できない。
③陸稲は、連作障害を生じることがある。
④陸稲には、もち種がない。
⑤陸稲は水稲と同様に移植栽培が一般的である。

23 □□□

写真の害虫の名称と加害様式の組み合わせとして、最も適切なものを選びなさい。

①イネミズゾウムシ―葉の吸害
②イネミズゾウムシ―葉の食害
③イネミズゾウムシ―虫こぶの形成
④イネツトムシ　　―葉の食害
⑤イネツトムシ　　―葉の吸害

24 □□□

麦類の播種・発芽に関する記述として、最も適切なものを選びなさい。

①日本では、麦類は秋から初冬に播種し、春まきはない。
②発芽の最低温度は10℃で、最適温度は24～26℃である。
③種子は風乾重の約20％の水分を吸収した時によく発芽する。
④種子から直接出る根は１本である。
⑤発芽ではまず根鞘が現れる。

25 □□□

コムギにおける秋播性品種の説明として、最も適切なものを選びなさい。

①穂の分化や出穂に対する低温要求度は非常に低い。
②春にまくと栄養成長のスピードは遅いが、夏も枯れることなく生育し続ける。
③秋播性品種の秋播性程度はⅠ～Ⅶの７段階のうち、Ⅰ、Ⅱとされる。
④穂が分化して出穂するためには、生育初期に十分な低温に遭遇することが必要である。
⑤寒冷地や積雪地域では幼穂分化期に寒さがくると凍死する可能性があるため、秋播性程度の低い品種を栽培する。

26 □□□

コムギの病害に関する説明として、最も適切なものを選びなさい。

①黒穂病は種子伝染し、出穂と同時に発病するので、出穂時に防除する。
②い縮病や縞い縮病は空気伝染するので、常に注意深く観察して防除を行ったり、早まきしたりする。
③さび病は多肥栽培で発生が抑制できるので、窒素を多く施用する。
④赤かび病は寒冷地や冷害の年の発生が多く、枯熟期後に発生するので防除できない。
⑤雪腐れ病は、空気伝染や土壌伝染をするので、実態にあわせて薬剤を選択する。

27 □□□

小麦粉の種類とタンパク質含有量、おもな用途の組み合わせとして、最も適切なものを選びなさい。

種類		タンパク質含有量		おもな用途
①薄力粉	−	6.5~9.0%	−	和洋菓子、天ぷら粉
②強力粉	−	7.5~10.5%	−	食パン
③デュラム粉	−	7.5~10.5%	−	マカロニ、スパゲッティ
④中力粉	−	10.5~12.5%	−	マカロニ、スパゲッティ
⑤準強力粉	−	12.5~14.0%	−	中華めん、ぎょうざの皮

28 □□□

写真に示されたコムギの病害として、最も適切なものを選びなさい。

①眼紋病
②うどんこ病
③立枯病
④条斑病
⑤赤かび病

29 □□□

ビールムギといわれ、粒が大きく、ビール醸造用原料やウイスキーの原料として用いられる作物として、最も適切なものを選びなさい。

①２条オオムギ
②６条オオムギ
③コムギ
④ライムギ
⑤エンバク

30 □□□

下図はトウモロコシの子実の性質を示したものである。スイートコーンの子実構造として、最も適切なものを選びなさい。

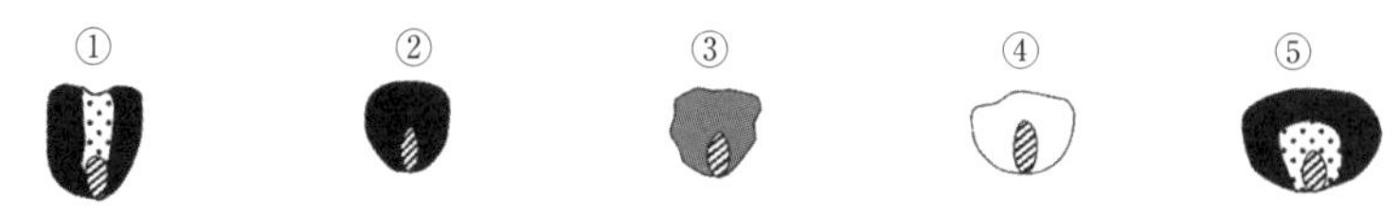

31 □□□

トウモロコシに関する説明として、最も適切なものを選びなさい。

①肥料を吸収する力が弱いため、やせ地では栽培できない。
②栽植密度が高まると草勢が大きくなり、雌穂重も重くなる。
③トウモロコシが成長を開始する温度は約10℃である。
④草丈が膝高の頃に中耕培土と組み合わせて追肥を行うと、倒伏しやすくなる。
⑤穀実用トウモロコシの収穫適期は、乳熟後期～糊熟期とされる。

32 □□□

トウモロコシ（スイートコーン）の特性に関する記述として、最も適切なものを選びなさい。

①除房しないで残す雌穂は、茎の最下段がよい。
②分げつ茎は必ず除去する。
③子実の糖度は夕方が最も高くなる。
④異なった品種を近接して栽培する場合は、出穂期を１か月程度ずらす。
⑤１条での栽培が望ましい。

33 □□□

トウモロコシ栽培におけるアワノメイガに関する説明として、最も適切なものを選びなさい。

①雌穂が伸び出す頃から被害が出やすいため、雄穂の除去は被害とは関係がない。
②茎や雄穂に被害があっても、雌穂は離れており被害はほとんど出ない。
③虫ふんが出ているところは、害虫が出た跡であるため、気にかける必要はない。
④茎が食害をされると、中が空洞になり折れやすくなるだけで、穂には影響がない。
⑤幼虫は被害株の中で越冬するため、収穫終了後ただちにすき込んで片付ける。

34 □□□

ダイズに関する記述として、最も適切なものを選びなさい。

①ダイズは酸性を好み、好適な土壌 pH は5.0～5.5がよい。
②ダイズは連作に強い。
③ダイズは根粒菌により窒素固定を行うが、収穫により地力を消耗させる。
④ダイズの根粒は湿害条件に強い。
⑤ダイズの施肥は標準として、窒素10kg、リン酸とカリを各８ kg とする。

35 □□□

ダイズ栽培に関する説明として、最も適切なものを選びなさい。

①生育適温は30～35℃である。
②一般的に早まきすると増収が可能であるが、品種等により蔓(つる)化することがある。
③中耕・培土は根を傷めてしまい、生育の遅れが出るため行わない。
④摘心栽培は、分枝が減少して収量の低下をまねくので行わない。
⑤根は直根性で、移植栽培はできない。

36 □□□

ダイズのコンバイン収穫に関する記述として、最も適切なものを選びなさい。

①コンバイン収穫では、倒伏していても問題はない。
②コンバイン収穫では、さやが高い位置に付く品種は収量ロスが増加する。
③作業性がよくなるので、収穫時期は遅い方がよい。
④さやで収穫するので、収穫作業に茎水分は影響しない。
⑤茎やさやの水分が多い時の収穫では、汚粒が生じやすい。

37 □□□

ダイズの葉の写真が示す病名として、最も適切なものを選びなさい。

①ダイズ紫斑病
②ダイズ白絹病
③ダイズ黒根腐病
④ダイズわい化病
⑤ダイズ株枯病

38 □□□

ジャガイモに関する記述として、最も適切なものを選びなさい。

①収量は一般的に早生よりも晩生品種の方が多く､寒冷地よりも暖地が多い。
②根で吸収した養水分は道管を通して地上部に運ばれ、葉で作られた光合成産物等は師管を通して各器官に運ばれる。
③内生休眠は、休眠物質の蓄積やジベレリン濃度の上昇により成長を停止した状態である。
④いもがコブ状や表皮がヒビ状になる症状は、二次成長とよばれ、窒素の過剰や土壌の乾湿の繰り返しにより発生しやすい。
⑤ジャガイモは自家受粉である。

39 □□□

ジャガイモに関する記述として、最も適切なものを選びなさい。

①ジャガイモの収穫指数はイネよりも大きい。
②成熟したいもには収穫後２～４か月の外生休眠期間がある。
③いもの中心部が褐色～黒色に変色する症状は、褐色心腐とよばれ、土壌水分の過剰により発生しやすい。
④ナス科の植物で、地下部のストロン（ふく枝）の先端が肥大して塊状になった塊根を食用とする。
⑤ジャガイモ栽培で地面から芽が出ることを萌芽という。

40 □□□

ジャガイモの種いもに関する記述として、最も適切なものを選びなさい。

①ジャガイモは除茎すると過繁茂にはならないが、いもの大きさは変わらない。
②ジャガイモの根は種いもから出根する。
③ジャガイモは病気に強いので、前作の青果用いもを種いもとして使ってよい。
④種いもは一片が40～60g 程度になるように切断する。
⑤種いもの浴光催芽は芽の長さが２ cm 程度になるまで、２週間程度行う。

41 □□□

ジャガイモの中耕・土寄せに関する記述として、最も適切なものを選びなさい。

①中耕や土寄せは土壌の通気性や保水性を改善する。
②最後の土寄せは出芽後15～20日頃までには終える。
③土寄せは出芽直後に行う。
④土寄せは露出するいもを覆って緑化を防ぐ。
⑤中耕や土寄せは雑草の繁茂を促進する。

42 □□□

ジャガイモの収穫・貯蔵に関する記述として、最も適切なものを選びなさい。

①ジャガイモの収穫適期は開花した後である。
②北海道におけるジャガイモ大規模圃(ほ)場では汎用収穫機を使用する。
③ジャガイモの収穫後は気温２～４℃、湿度50％の冷暗所で貯蔵する。
④ジャガイモは、貯蔵中もいもの糖度は変化しない。
⑤貯蔵中のジャガイモは、発芽すると青果用は商品価値の消滅、加工用やデンプン原料用は歩留まり低下、品質劣化がおこる。

43 □□□

写真のジャガイモの病虫害として、最も適切なものを選びなさい。

①軟腐病
②夏えき病
③えき病
④黒あざ病
⑤ナストビハムシによる食害

44 □□□

ジャガイモのえき病に関する説明として、最も適切なものを選びなさい。

①えき病菌はり病塊茎中で越冬し、ほう芽後20～30日目頃までに地上部に移行して一次発生源となる。
②比較的高温で曇雨天の日が続くと、感染を繰り返して圃(ほ)場全体に急速に広がる。
③感染した植物体では、茎の一部に赤褐色の病はんが生じ、葉の表面全体に黒色霜状のかびが密生する。
④菌が付着した塊茎を貯蔵しても、周囲には感染は広がらないので、とくに配慮する必要はない。
⑤ヨトウムシによって、地下部の塊茎表面に原因菌が達すると塊茎が腐敗する。

45 □□□

写真の農業機械が行っている作業として、最も適切なものを選びなさい。

①ジャガイモの整地作業
②ジャガイモの病害虫防除作業
③ジャガイモの培土作業
④ジャガイモの移植作業
⑤ジャガイモの雑草防除作業

46 □□□

近年のジャガイモの用途別消費量において、最も多い用途を選びなさい。

①デンプン用
②生食用
③加工食品用
④種子用
⑤飼料用

47 □□□

サツマイモの葉序として、最も適切なものを選びなさい。
①対生葉序
②1/2互生葉序
③2/5互生葉序
④3/8互生葉序
⑤輪生葉序

48 □□□

サツマイモの利用加工に関する説明として、最も適切なものを選びなさい。
①アルコール（焼酎）用品種は、高タンパク含量で、肉色が黄色系の高カロテン品種がよい。
②蒸し切り用品種は、外観がよく、貯蔵性が高い品種がよい。
③焼き芋用品種は、大きさは小さめの品種を選び、形状、揃いは気にしなくてよい。
④菓子用品種は、製品歩留まりがよければ、加工形状、加工時の変色は気にしなくてよい。
⑤デンプン用品種は、デンプン歩留まりとポリフェノール含量が高く、多収の品種がよい。

49 □□□

サツマイモのキュアリング処理の説明として、最も適切なものを選びなさい。
①温度10～15℃、湿度70％以下の条件下に1日置く。
②温度20～25℃、湿度80％程度の条件下に2～3日置く。
③温度30～32℃、湿度95％以上の条件下に5～7日置く。
④温度35～40℃、湿度95％以上の条件下に15日程度置く。
⑤温度45～50℃、湿度95％以上の条件下に15日程度置く。

50 □□□

希釈倍率1,000倍の殺虫剤と200倍の殺菌剤をそれぞれ50Lずつ作りたい。この場合に必要な殺虫剤と殺菌剤の薬量の組み合わせとして、最も適切なものを選びなさい。

	殺虫剤		殺菌剤
①	50ml	—	250ml
②	50ml	—	500ml
③	100ml	—	250ml
④	200ml	—	500ml
⑤	200ml	—	250ml

選択科目（野菜）

11 □□□

次の野菜種子のうち、ナス科の野菜の種子として、最も適切なものを選びなさい。

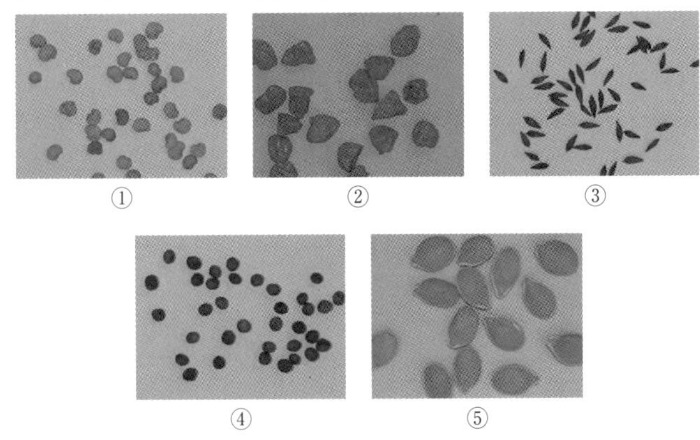

12 □□□

次の野菜の花の写真の中から、ダイコンの花を選びなさい。

13 □□□

温度が花芽分化の要因となる野菜のうち、高温が影響するものを選びなさい。
①ダイコン
②キャベツ
③ハクサイ
④レタス
⑤ゴボウ

14 □□□

次の説明にあてはまる接ぎ木の方法として、最も適切なものを選びなさい。

「子葉展開期に台木と穂木の胚軸に切れ込みを入れてつなぎ合わせ、接ぎ木面が活着後、台木の接木部上部と穂木の接木部下部を切り離す。」

①断根さし接ぎ
②割り接ぎ
③さし接ぎ
④呼び接ぎ
⑤斜め接ぎ

15 □□□

トマトの受粉に関する説明として、最も適切なものを選びなさい。
①開花後、受粉して受精するまでには1週間程度かかる。
②開花時に花房を振動させても受粉には効果がない。
③施設栽培では、訪花昆虫としてミツバチを利用する。
④同じ花内で受粉・受精が行われる自家受粉植物である。
⑤ホルモン剤のジベレリンは発根・活着促進に効果がある。

16 □□□

トマトの生理障害であるしり腐れ果の説明として、最も適切なものを選びなさい。
①土壌中のカルシウム不足や高温、土壌乾燥、窒素の過剰施肥などでカルシウムの吸収が抑えられたときに発生する。
②高温や低温のため受粉不良となり、種子が十分にできない。
③花芽分化期に生育が旺盛で、低温が続くと発生しやすい。
④果実の成熟期近くに急激な水分吸収がおこることで発生する。
⑤子房発育時の軽度の低温により発生する。

17 □□□

トマトの着果促進に利用される植物成長調整剤として、最も適切なものを選びなさい。

①塩化カルシウム
②4－CPA（オーキシン）
③サイトカイニン
④アブシジン酸
⑤エテホン（エチレン）

18 □□□

写真のトマトに発生したうどんこ病の説明として、最も適切なものを選びなさい。

①施設栽培の果菜類のみに発生する。
②日照不足・多湿条件で発生が助長される。
③肥料が切れて、草勢が低下すると発生しやすい。
④果菜類では葉や茎に発生し、果実に発生することはない。
⑤糸状菌（カビ）が原因となる病害である。

19 □□□

キュウリの生育の説明について、最も適切なものを選びなさい。

①果実が肥大するには必ず受粉・受精する必要がある。
②受粉・受精が行われず、種子ができなくても果実が肥大する。
③雄花と雌花が別々の株にできる。
④両性花と雄花が着花する性質をもつ。
⑤両性花のみ着花する性質をもつ。

20 □□□

写真のキュウリの着果特性の説明として、最も適切なものを選びなさい。

①節なりのキュウリで、雄花が本葉の付け根の部分に連続して着花する。
②節なりのキュウリで、節によっては雄花が着生して雌花が飛び飛びに着果する。
③節なりのキュウリで、雌花が本葉の付け根の部分に連続して着果する。
④飛び節のキュウリで、節によっては雄花が着生して雌花が飛び飛びに着果する。
⑤飛び節のキュウリで、雌花が本葉の付け根の部分に連続して着果する。

21 □□□

秋ナスの収穫後半に、写真のような葉脈間黄化の症状がみられた。この場合の栽培管理として、最も適切なものを選びなさい。

①ニジュウヤホシテントウによる食害であると考えられるため、殺虫剤を散布する。
②マグネシウム欠乏であると考えられるため、硫酸マグネシウムを施用する。
③マグネシウム欠乏であると考えられるため、水酸化マグネシウムを施用する。
④うどんこ病の病斑であると考えられるため、殺菌剤を散布する。
⑤うどんこ病の病斑であると考えられるため、症状のみられる株を抜き取る。

22 □□□

イチゴの花芽分化を促進する要因として、最も適切なものを選びなさい。
①10～17℃以下の短日条件
②25℃以上の短日条件
③25℃以上の長日条件
④冬期における植物体窒素の高濃度
⑤夏期における植物体窒素の高濃度

23 □□□

イチゴの果実に写真のような鶏冠果（鶏のとさか状の形をした果実）が発生した。この対策として、最も適切なものを選びなさい。

①かん水を控え、ハウス内を乾燥気味に管理する。
②１回のかん水量を増やし、多湿を保つ。
③追肥の量を控える。
④電照時間を長くする。
⑤夜間温度を１～２℃低くする。

24 □□□

写真はイチゴの育苗中に発生した「い黄病」である。この病害の説明として、最も適切なものを選びなさい。

①細菌が原因となる病害である。
②病原菌の生育適温は20℃前後である。
③土壌伝染のほか、苗伝染でも拡大する。
④発病後は定期的な農薬散布が有効である。
⑤土壌酸度（pH）の高いほ場で発生しやすい。

25 □□□

スイートコーンの生育特性として、最も適切なものを選びなさい。
①地際から発生した分げつは、主稈（しゅかん）の生育を妨げるので取り除く。
②無除けつ栽培では、主稈（しゅかん）の根が抑制されるので倒伏しやすくなる。
③登熟に必要な光合成産物は、おもに上位葉から供給される。
④除房による増収効果は約30%を超えるため、最上部の雌穂以外は取り除く。
⑤長日植物で、低温、長日で花芽分化・開花が促進される。

26 □□□

スイートコーンに関する説明として、最も適切なものを選びなさい。
①昆虫が受粉の媒介をする虫媒花である。
②セルトレイ苗を利用した移植栽培は、植え傷みするために行われていない。
③カミキリムシの成虫が葉裏に卵を産みつけて幼虫となり、雄穂・雌穂を加害する。
④気温が高い時間に収穫した後に出荷しても、品質の低下はない。
⑤倒伏防止やアブラムシ防除のため、雄穂を雌穂開花後に除去する方法がある。

27 □□□

スイカの人工受粉に関する説明として、最も適切なものを選びなさい。
①受粉は気温の高い昼頃に行うとよい。
②３倍体の品種を除き、どの株の雄花でも形質がよいものを選んで雌花に受粉する。
③雄花の花粉が水でぬれていても受粉に支障はない。
④トンネル栽培では、交配前日の夜から12℃を目安に温度を保つようにする。
⑤前日開花した雄花でも受粉に利用できる。

28 □□□

スイカの「つるぼけ」の説明として、最も適切なものを選びなさい。
①窒素肥料を過剰に施肥するとつるぼけになる。
②つるぼけは、収穫時期になるとつるが枯れて果実が熟した判断材料になる。
③つるぼけをすると茎の先端が地面と平行になる。
④つるぼけをすると生育初期から生殖成長が盛んになる。
⑤つるぼけは、キュウリなどウリ科植物に伝染する。

29 □□□

アールス系メロン（立体栽培）の管理技術の説明として、最も適切なものを選びなさい。

①活着促進のため、定植当日のかん水は控える。
②結果枝は８～10節から発生する側枝を２～３本残す。
③交配はミツバチを利用するか人工交配による。
④主枝の摘心は交配・着果後、摘果開始までに行う。
⑤袋かけは縦ネット発生終了後ただちに行う。

30 □□□

ネギの生育に関する説明として、最も適切なものを選びなさい。

①ネギの根は、他の野菜に比べて本数が多く、分布が広い。
②ネギの根は、酸素を多く必要とし、土寄せをすると上方向にも根が伸長する。
③ネギの根は乾燥に弱く、湿潤な気候を好む。
④ネギは酸性土壌を好む。
⑤ネギは通気性のよい壌土、砂壌土では生育不良となりやすい。

31 □□□

根深ネギの軟白の最適温度として、最も適切なものを選びなさい。

①－８℃前後
②５℃前後
③15℃前後
④25℃前後
⑤35℃前後

32 □□□

写真は冬期のレタスのべたがけ（じかがけ）栽培である。この技術の説明として、最も適切なものを選びなさい。

①抽苔防止の効果が高い。
②とくに結球野菜に適した技術で、根菜類への利用はほとんどみられない。
③被覆資材には採光や温度確保のため、農業用の塩化ビニルフィルムやポリエチレンも用いられる。
④日中の高温回避のため、裾は開閉できるように設置する。
⑤地温や土壌水分を好適に保持し、葉面の汚れを防ぐなどの効果がある。

33 □□□

ハクサイの特徴として、最も適切なものを選びなさい。
①種まきから収穫までの日数は、品種等により60～150日程度の幅がある。
②吸水種子が一定期間の高温にあうと花芽分化する。
③水分含量が少なく、栄養価が高い。
④根は太く、狭い分布である。
⑤冷涼な気候を好まない。

34 □□□

秋まきタマネギのトウ立ちを防ぐ栽培管理として、最も適切なものを選びなさい。
①品種、地域にあった時期に播種し、むやみに早まきをしない。
②できる限り早く定植し、株を大きく育てる。
③球の肥大を促すため、収穫直前まで追肥を行う。
④冬季の追肥は行わず、春になり暖かくなってから追肥を行う。
⑤地上部の倒伏後は、すみやかに収穫を行う。

35 □□□

タマネギの休眠の説明として、最も適切なものを選びなさい。

①短日条件で休眠にはいる。
②休眠期間は12か月と長い。
③17℃以上に一定期間あうと休眠が打破される。
④13℃以下の低温にあうと休眠が打破される。
⑤タマネギの休眠はほとんどない。

36 □□□

写真はブロッコリーのキャッツアイの症状である。この生理障害の発生原因として、最も適切なものを選びなさい。

①生育初期の土壌の多湿や日照不足
②高温と花蕾肥大期の窒素過多
③花芽分化期の高温と追肥の遅れ
④花蕾肥大期の乾燥と過熱
⑤定植後の低温遭遇と肥料切れ

37 □□□

ダイコンの品種に関する説明として、最も適切なものを選びなさい。

①「みの早生ダイコン」は耐寒性が強い。
②「青首ダイコン」の抽根性は低い。
③「二十日（はつか）ダイコン」はヨーロッパ系のダイコンである。
④「三浦ダイコン」は耕土の浅い土質が適している。
⑤「練馬ダイコン」は根の上部が緑色になる青首ダイコンである。

38 □□□

ダイコンの生理障害に関する説明として、最も適切なものを選びなさい。

①す入りはホウ素欠乏によっておきやすい。
②「みの早生ダイコン」はす入りしにくい品種である。
③岐根はセンチュウやタネバエなどの土壌害虫によって発生することもある。
④岐根を防ぐには、堆肥や化学肥料を種まき直前に施すとよい。
⑤裂根は収穫時期が早いとおきやすい。

39 □□□

ニンジン栽培に関する説明として、最も適切なものを選びなさい。
①省力のため、間引きは行わない。
②種子は15～25℃で発芽のそろいがよい。
③種子は10℃以下の低温でもよく発芽する。
④発芽をそろえるため、晴天が続いて乾燥した土壌に播種する。
⑤発芽をそろえるため、移植栽培も行われている。

40 □□□

写真はニンジンの被覆種子（コーティング種子）である。この種子の無処理種子と比較した場合の特徴として、最も適切なものを選びなさい。

①発芽率が高い。
②種子の寿命が長い。
③安価に購入できる。
④機械を使った播種に適している。
⑤発芽後の間引きに労力負担が大きくなる。

41 □□□

野菜の品質低下の状態、原因、抑制法の組み合わせとして、最も適切なものを選びなさい。

状態		原因		抑制法
①腐敗	－	呼吸	－	温度調節
②しおれ	－	呼吸	－	薬剤処理
③腐敗	－	蒸散	－	薬剤処理
④しおれ	－	蒸散	－	包装
⑤変色	－	微生物	－	包装

42 □□□

写真に示すダイコンの害虫名として、最も適切なものを選びなさい。

（成虫）

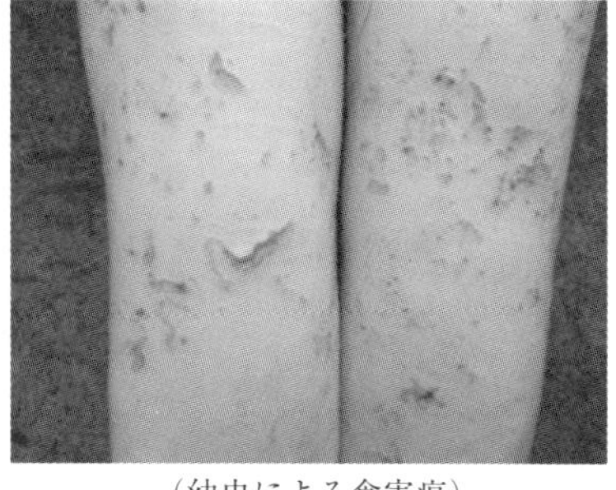
（幼虫による食害痕）

①キスジノミハムシ
②ハイダラノメイガ
③ニジュウヤホシテントウ
④アオムシ
⑤カブラハバチ

43 □□□

病害虫の生物的防除の方法として、最も適切なものを選びなさい。

①害虫の雄を不妊化して放飼
②反射テープや粘着板などの害虫の視覚反応を利用した防除
③病害抵抗性台木の利用
④耐病性品種の育成
⑤太陽熱や蒸気利用の土壌消毒

44 □□□

写真の矢印が示す資材の効果として、最も適切なものを選びなさい。

①薬剤を利用した害虫の捕獲
②天敵を利用した害虫の捕獲
③フェロモンを利用した害虫の捕獲
④アブラムシ類やコナジラミ類の捕獲
⑤アザミウマ類の捕獲

45 □□□

化学農薬の中で薬剤を植物または土壌に散布し、いったん植物体内に取り込ませ、これを摂食した昆虫に殺虫効果を発揮する殺虫剤として、最も適切なものを選びなさい。

①消化中毒剤
②浸透移行性剤
③接触剤
④くん煙剤
⑤土壌処理剤

46 □□□

施設栽培における二酸化炭素施用の説明として、最も適切なものを選びなさい。

①植物表面などから水を蒸発させて、施設内の気温を冷却するために行う。
②日照不足や低温で十分な換気が行えないときに光合成を促進するために行う。
③一酸化炭素ガス発生の危険があるので、二酸化炭素を発生させるために灯油やプロパンガスを利用することは禁止されている。
④日本ではイチゴや秋ギクなどで花芽形成、開花期の調整のために利用されている。
⑤天然ガスやプロパンガスは温湯暖房機に使用すると排気ガスの不純物が多くなるため、二酸化炭素施用には利用できない。

47 □□□

ハウス施設の細霧冷房の説明として、最も適切なものを選びなさい。

①ヒートポンプにより夜間の冷房として使用する。
②チラーにより冷却した水を噴霧して施設内を冷やす装置で、施設園芸の日中の冷房として使用される。
③濡れたパッドに送風し、周囲の空気を直接冷やす装置で、施設園芸の日中の冷房として使用される。
④細かい霧を施設内で気化させ、周囲の空気を直接冷やす装置で、施設園芸の夜間の冷房として使用される。
⑤細かい霧を施設内で気化させ、周囲の空気を直接冷やす装置で、施設園芸の日中の冷房として使用される。

48 □□□

写真はロックウールによるパプリカの栽培である。その説明として、最も適切なものを選びなさい。

①ロックウールを培地として使用する、NFT である。
②ロックウールを培地として使用する、DFT である。
③ロックウールを培地として使用する、たん液水耕である。
④ロックウールを培地として使用する、養液土耕である。
⑤ロックウールをフィルムでくるみ培地にした、バッグカルチャーである。

49 □□□

施設栽培において、野菜の品目と低温多湿条件下で発生する病害の組み合わせとして、最も適切なものを選びなさい。

①トマト　－えき病、軟腐病
②ナス　　－褐斑細菌病、灰色かび病
③ピーマン－青枯病、菌核病
④キュウリ－べと病、うどんこ病
⑤イチゴ　－輪斑病、灰色かび病

50 □□□

写真に示した機械の作業内容として、最も適切なものを選びなさい。

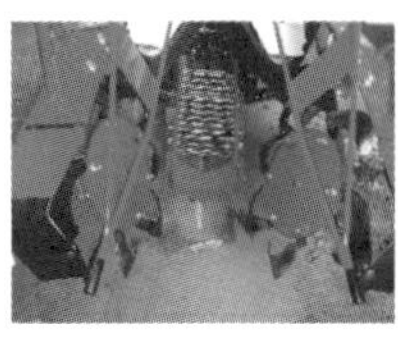

①ネギの定植
②ネギの土寄せ
③ネギの防除
④ネギの収穫
⑤ネギの皮むき

選択科目（花き）

11 □□□

栽培用土の pH によって花の色が変化する花きとして、最も適切なものを選びなさい。

①アザレア
②バラ
③ダリア
④アジサイ
⑤シャコバサボテン

12 □□□

二年草に分類される花きとして、最も適切なものを選びなさい。

①キク
②カーネーション
③ラナンキュラス
④カンパニュラ
⑤コリウス

13 □□□

酸性の強い用土の組み合わせとして、最も適切なものを選びなさい。

①ピートモス — 鹿沼土
②ピートモス — パーライト
③バーミキュライト — パーライト
④バーミキュライト — 赤土
⑤腐葉土 — 赤土

14 □□□

弱アルカリ性用土（pH 7～8）を好む花きとして、最も適切なものを選びなさい。

①キク
②シクラメン
③ベゴニア類
④バラ
⑤シネラリア

15 □□□

中輪・房咲き・四季咲き・木立性の特性をもつバラの系統として、最も適切なものを選びなさい。

①ハイブリッドティーローズ
②フロリバンダローズ
③クライミングローズ
④ミニチュアローズ
⑤ポリアンサローズ

16 □□□

シクラメンの特性として、最も適切なものを選びなさい。

①種子の性質は明発芽性である。
②営利的には球根で繁殖させる。
③原産地は南アフリカである。
④夏の暑さに強く、冬の寒さに弱い。
⑤葉組みによって品質が向上する。

17 □□□

ウイルスが原因の病気として、最も適切なものを選びなさい。

①シクラメンいちょう病
②バラ根頭がんしゅ病
③カーネーション立ち枯れ病
④キク茎えそ病
⑤スイセン軟腐病

18 □□□

写真の花きの名称として、正しいものを選びなさい。

①ヒマワリ
②ジニア
③マリーゴールド
④コスモス
⑤ナデシコ

19 □□□

写真のベゴニアセンパーフローレンスの性質として、最も適切なものを選びなさい。

①短日条件で開花が促進される。
②長日条件で開花が促進される。
③一定の温度があれば周年開花する。
④耐寒性が強く、降霜地域でも戸外で枯死しない。
⑤耐暑性が強く、夏花壇で生育が旺盛である。

20 □□□

光に当たると発芽がよくなる明発芽種子（好光性種子）の花きとして、最も適切なもの選びなさい。

①コスモス
②シクラメン
③ジニア
④デルフィニウム
⑤プリムラポリアンサ

21 □□□

殺菌剤（水和剤）の500倍液を300L作りたい。この殺菌剤（水和剤）の薬剤は何g必要か、正しいものを選びなさい。

①30g
②60g
③100g
④300g
⑤600g

22 □□□

種苗法の説明として、最も適切なものを選びなさい。

①品種の育成者は各県の農林水産部長宛に品種登録の出願をする。
②農業者が登録品種を自家増殖する場合は、育成権者の許諾を必要とする。
③登録品種を販売する際は、「登録品種」の文字、「品種登録」の文字およびその品種登録番号、標章のすべてを記載する必要がある。
④輸出など海外への持ち出しは規制されていない。
⑤登録品種はインターネットのサイトでは販売することができない。

23 □□□

日本で生産されている切り花のうち、令和２年の産出額が多い上位２つの組み合わせとして、最も適切なものを選びなさい。

①キク、カーネーション
②バラ、カーネーション
③カーネーション、トルコギキョウ
④キク、ユリ
⑤バラ、ユリ

24 □□□

インドゴムノキの科名として、最も適切なものを選びなさい。

①モチノキ科
②トチノキ科
③アオイ科
④クワ科
⑤モクセイ科

25 □□□

グラジオラスの原産地として、最も適切なものを選びなさい。

①南アフリカ
②北ヨーロッパ
③東アジア
④メキシコ・中央アメリカ
⑤ブラジル・アルゼンチン

26 □□□

写真の花きの名称として、最も適切なものを選びなさい。

①ハイビスカス
②アナナス
③ペチュニア
④アザレア
⑤ブーゲンビレア

27 □□□

花きのさし芽（さし木）の発根促進剤に使用される植物ホルモンとして、最も適切なものを選びなさい。

①ジベレリン
②オーキシン
③サイトカイニン
④エチレン
⑤アブサイシン酸

28 □□□

花きの施設栽培の暑さ対策に用いられる資材として、最も適切なものを選びなさい。

①透明アクリル板
②酢酸ビニルフィルム
③シルバー寒冷紗
④黒色マルチフィルム
⑤防虫ネット

29 □□□

切り花のSTS処理剤について、最も適切なものを選びなさい。
①エチレンの発生を抑えて老化を防ぐ。
②すべての花の老化防止に効果がある。
③殺菌作用により、水あげを向上させる。
④収穫直後よりも、小売店で処理することで効果が高まる。
⑤主成分は銅化合物である。

30 □□□

温帯地域において冬季の花壇の植え込み材料として、最も適切なものを選びなさい。ただし、冬季には降雪や降霜があるものとする。
①サルビア
②フレンチマリーゴールド
③ジニア
④ペチュニア
⑤ハボタン

31 □□□

下の表はラン類の無菌発芽法で用いられる簡易培地組成の一例である。(　)に入る最も適切なものを選びなさい。

水	1,000ml
寒天	8〜10g
(　　　)	20g
園芸用配合肥料	3g

①塩素
②ジベレリン
③ナフタレン酢酸
④ショ糖
⑤デンプン

32 □□□

ラン類のメリクロン繁殖の目的として、最も適切なものを選びなさい。
①栽培期間の短縮
②苗の大量増殖
③新品種の育種
④半数体の作出
⑤倍数体の作出

33 □□□

キクの開花習性について、最も適切なものを選びなさい。
①秋ギクの開花は温度の影響を受けない。
②夏秋ギクの開花は日長の影響を受けない。
③夏ギクは高温で開花が促進される。
④夏ギクは高温で開花が抑制される。
⑤寒ギクは高温で開花が促進される。

34 □□□

次の球根のうち、植え付け前に花芽を形成しているものを選びなさい。

35 □□□

写真の花きの発芽適温として、最も適切なものを選びなさい。

①3℃
②5℃
③10℃
④17℃
⑤25℃

36 □□□

園芸的分類で花木に分類される花きとして、最も適切なものを選びなさい。

①アザレア
②カーネーション
③カランコエ
④ベンジャミン
⑤ファレノプシス

37 □□□

次の花きのうち、種子が最も大きいものはどれか、適切なものを選びなさい。

38 □□□

接ぎ木繁殖法の説明として、最も適切なものを選びなさい。

①種子繁殖と比べて一度に大量の個体が得られる。
②親株と同じ形質の個体が得られる。
③台木との融合で新品種ができる。
④特別な技術を必要としない。
⑤木本類では利用することができない。

39 □□□

写真のランの（A）の部位の名称として、最も適切なものを選びなさい。

①リップ
②ペタル
③セパル
④コラム
⑤バルブ

40 □□□

写真のセル成型苗の説明として、最も適切なものを選びなさい。

①鉢上げを省略できる。
②苗生産の労力が増加する。
③移植で根を傷めることが少ない。
④苗の生育にばらつきが出る。
⑤小規模施設での生産が盛んである。

41 □□□

バラの栽培管理について、最も適切なものを選びなさい。
①おもに種子で繁殖する。
②施設栽培では一季咲き品種のバラが多く用いられる。
③ロックウールを培地とした溶液栽培が普及している。
④株元から発生する太いシュートをフラワリングシュートとよぶ。
⑤四季咲き品種ではベーサルシュートはピンチしない。

42 □□□

写真のバラの葉の被害の対応として、最も適切なものを選びなさい。
①殺虫剤を散布する。
②窒素肥料を施す。
③殺ダニ剤を散布する。
④殺菌剤を散布する。
⑤ジベレリン処理を行う。

43 □□□

写真のキクの葉の被害の対応として、最も適切なものを選びなさい。
①殺虫剤を散布する。
②殺菌剤を散布する。
③殺ダニ剤を散布する。
④カリ肥料を施す。
⑤ STS 処理を行う。

44 □□□

カーネーションの花弁に写真Aのような傷があるため調べたところ、写真Bのような幅0.2mm、長さ2 mmの虫が確認された。この害虫として、最も適切なものを選びなさい。

A

B

①ハダニ
②オンシツコナジラミ
③スリップス（アザミウマ）
④アブラムシ
⑤コナガ

45 □□□

写真の球根の花として、最も適切なものを選びなさい。

46 □□□

開花が日長時間の影響を受けないものとして、最も適切なものを選びなさい。

①バラ
②ダリア
③ケイトウ
④ポインセチア
⑤カーネーション

47 □□□

写真の植物の名称として、最も適切なものを選びなさい。

①ポトス
②フェニックス
③アンスリウム
④ペペロミア
⑤ネフロレピス

48 □□□

組織培養で増殖した苗を外的環境に慣らすことを何というか、最も適切なものを選びなさい。

①無菌化
②カルス化
③順化
④肥大化
⑤平準化

49 □□□

カーネーションの開花の時に花弁の一部がはみ出す現象として、最も適切なものを選びなさい。

①やなぎ芽
②霜害
③がく割れ
④ベントネック
⑤花ぶるい

50 □□□

真の光合成速度を示す計算式として、最も適切なものを選びなさい。

①真の光合成速度＝呼吸速度×見かけの光合成速度
②真の光合成速度＝呼吸速度／見かけの光合成速度
③真の光合成速度＝見かけの光合成速度／呼吸速度
④真の光合成速度＝見かけの光合成速度－呼吸速度
⑤真の光合成速度＝見かけの光合成速度＋呼吸速度

選択科目（果樹）

11 □□□

果樹に関する用語について、最も適切なものを選びなさい。
①他家不和合性……ある特定の品種間の受粉で結実すること。
②自家不和合性……同じ品種の花粉で受精し、結実すること。
③自家受粉……同じ品種内の交配により、種子はできないが結実すること。
④他家受粉……異なる品種間の交配により、種子はできないが結実すること。
⑤単為結果性……受粉・受精をしなくても果実は肥大するが種子はできないこと。

12 □□□

果樹の花芽分化を促す要因として、最も適切なものを選びなさい。
①肥料では、とくに窒素肥料を多く施す。
②せん定は、間引きせん定を主に、できるだけ弱めに行う。
③摘果は軽くして、果実をできるだけ多く成らせる。
④土壌を湿った状態にして、土壌が乾燥しないように水分を多く維持する。
⑤日光が樹に直接当たらないようにする。

13 □□□

果実の生育に大切な樹体内貯蔵養分について、増加または無駄にしない管理として、最も適切なものを選びなさい。
①夏から秋に窒素成分を多く施して、新梢を旺盛に生育させる。
②せん定時に、できるだけ多くの花芽を残す。
③果実収穫をできるだけ遅くする。
④果実収穫後に礼肥（秋肥）を適切に施して、落葉まで葉を健全に保つ。
⑤早春に芽出し肥を多めに施す。

14 □□□

早期生理落果の説明として、最も適切なものを選びなさい。

①未受精や着果過多等が原因のことが多いため、強せん定をさけ、人工受粉の徹底と摘果を適切に行う。
②生理落果は必ず発生するため、落果を見越して、大量に着果させておく。
③樹勢が弱いことが原因のため、強せん定や窒素を大量に施し、徒長枝が出るような強い樹勢にしておく。
④土壌水分不足が原因のことが多いので、土壌は常に湿った状態にしておく。
⑤果実に食い入る害虫が原因のため、薬剤散布を行う。

15 □□□

結実が多い年と少ない年が交互に繰り返される隔年結果の説明として、最も適切なものを選びなさい。

①果樹栽培において、隔年結果を防ぐことは困難である。
②成り年は、摘果を遅めに行い、着果量も多くする。
③隔年結果の原因は、摘果の遅れや着果過多が関係する。
④隔年結果には、せん定や摘果は関係がない。
⑤隔年結果の防止には、病害虫防除の徹底が有効である。

16 □□□

落葉果樹を露地栽培する場合の果樹園の日当たり、土壌、温度の条件の組み合わせとして、最も適切なものを選びなさい。

日当たり		土壌		温度
①日影が時々できる	－	保水性が高い	－	日中の温度が高温
②日照時間が長い	－	排水が良好	－	夜間温度が高い
③西日が当たらない	－	排水が良好	－	夜間温度が高い
④日照時間が長い	－	湿地	－	日較差が大きい
⑤日照時間が長い	－	排水が良好	－	日較差が大きい

17 □□□

ブドウにおける4倍体欧米雑種の品種の組み合わせとして、最も適切なものを選びなさい。

①ピオーネ、藤稔（ふじみのり）、ルビーロマン
②シャインマスカット、デラウェア、紫玉（しぎょく）
③マスカット・オブ・アレキサンドリア、瀬戸ジャイアンツ、ロザリオ・ビアンコ
④キャンベルアーリー、ポートランド、スチューベン
⑤甲州、マスカット・ベリーA、ナイアガラ

18 □□□

品種の組み合わせとして、最も適切なものを選びなさい。

①カンキツ …… 不知火（しらぬい）、太秋（たいしゅう）、富有
②リンゴ …… ふじ、つがる、ラ・フランス
③ニホンナシ…… 幸水、二十世紀、王林
④オウトウ …… 佐藤錦、紅秀峰、ナポレオン
⑤ブドウ …… 巨峰、シャインマスカット、ジョナゴールド

19 □□□

モモの原産地として、最も適切なものを選びなさい。

①北アメリカ大陸の東海岸
②熱帯地域
③アジア西部の半砂漠地帯
④ニュージーランド
⑤中国黄河上流の高原地帯

20 □□□

リンゴの摘果の説明として、最も適切なものを選びなさい。

①摘果は、着色や食味への影響が少ないが、果実肥大を促すために行う。
②摘果は、できるだけ果実肥大を促すため、1回で最終着果量に仕上げる。
③摘果は、果実品質を高めるとともに、毎年安定して生産するために行う。
④摘果は、中心果を落とし側果を残す。
⑤薬剤摘果ができないため、摘果はすべて人の手で行う。

21 □□□

ブドウの栽培において、写真のような笠をかける目的として、最も適切なものを選びなさい。

①果房・果粒を低温障害から守ることが最大の目的である。
②鳥による害を防ぐことが最大の目的である。
③霜の害を防ぐことが最大の目的である。
④果房に雨がかからないようにして病気を防ぐことが最大の目的である。
⑤夜ガなどの虫による害を防ぐことが最大の目的である。

22 □□□

果樹の苗木の植え付けについて、最も適切なものを選びなさい。
①落葉果樹の植え付け適期は、生育が盛んな盛夏期である。
②常緑果樹の植え付け適期は、３～４月もしくは梅雨期である。
③植え穴はあまり大きく掘る必要はなく、苗木の根の大きさにあわせて、できるだけ小さく掘る。
④接ぎ木苗は、接ぎ木部分が地上に露出しないように深く植える。
⑤土壌水分が多い方が生育がよいので、植え付けは雨天時に行う。

23 □□□

大粒種ブドウの摘粒について、最も適切なものを選びなさい。
①摘粒を早い時期に行えば、果粒の良否が見分けにくいので、最大限遅く実施する。
②できるだけ早い時期に行った方が、果粒の肥大につながる。
③粒が肥大し、粒と粒が強く押し合っても裂果等の発生はほとんどない。
④粒が大きくなってから摘粒を行う場合、房を手で触ってもブルームは取れない。
⑤大粒種において、最終粒数はすべての品種が40粒である。

24 □□□

せん定について、最も適切なものを選びなさい。

①せん定の目的の一つは、枝を減らすことにより結果数を調節し、隔年結果を防止することである。
②頂芽（頂部）優勢は関係ないため、どの位置からでも同じ強さの枝を出すことができる。
③効率よく受光するためには、枝を交差させたり、上下に重ねる配置を行う。
④主枝などが上下に曲がっていても、その部分から徒長枝が発生することはない。
⑤１か所から主枝を出す車枝の方が、その部分が強くなる。

25 □□□

果実の収穫について、最も適切なものを選びなさい。

①果実は暑い時間帯に収穫した方が、その後の保存状態がよい。
②気温の低い早朝に収穫した方が、その後の保存状態がよい。
③集荷後に一時的に冷やす「予冷」は、その後の保存状態とは関係がない。
④収穫適期になれば、どの時間帯に収穫しても、品質には影響がない。
⑤夕方に収穫した果実は、水分が十分で鮮度が高い。

26 □□□

落葉果樹の礼肥について、最も適切なものを選びなさい。

①果実収穫後、樹の回復とともに、落葉するまでに光合成をしっかりさせるために、速効性窒素肥料を少量与える。
②果実を成らせてくれたお礼として、収穫後にできるだけ多くの窒素肥料成分を与える。
③果実収穫後は、まだ生育中であるため、落葉した後に肥料を与える。
④果実収穫後、できるだけ早く、遅効性のリン酸・カリ肥料を与える。
⑤果実を成らせてくれているお礼として、果実が肥大中に肥料を与える。

27 □□□

カンキツの施肥の説明文のA～Cの組み合わせとして、最も適切なものを選びなさい。

「施肥の時期は、（A）では春、夏および秋の年間3回が標準だが、（B）では品質への影響を考慮して夏に施肥しない場合もある。（C）では春、夏、初秋および秋の年間4回の施肥を行うことが多い。」

	A		B		C
①	中晩生カンキツ類	－	普通ウンシュウ	－	早生ウンシュウ
②	中晩生カンキツ類	－	早生ウンシュウ	－	普通ウンシュウ
③	普通ウンシュウ	－	中晩生カンキツ類	－	早生ウンシュウ
④	普通ウンシュウ	－	早生ウンシュウ	－	中晩生カンキツ類
⑤	早生ウンシュウ	－	中晩生カンキツ類	－	普通ウンシュウ

28 □□□

ブドウの無核では以下の3種の薬剤が併用されるが、これらの薬剤の目的・効果について、最も適切なものを選びなさい。

	ジベレリン	ストレプトマイシン	ホルクロルフェニュロン
①	無核化・着粒安定	果粒肥大	開花時期促進
②	無核化・着粒安定	ジベレリン処理適期拡大	果粒肥大
③	無核化・果粒肥大	無核化（無核率向上）	病気発生防止
④	無核化・果粒肥大	開花時期促進	ジベレリン処理適期拡大
⑤	無核化・果粒肥大	無核化（無核率向上）	果粒肥大

29 □□□

一般的な果樹苗木の育成方法として、最も適切なものを選びなさい。ただし、果樹の台木や新品種を育成する場合を除くものとする。

①さし木
②接ぎ木
③取り木
④株分け
⑤播種（は）（実生（みしょう）繁殖）

30 □□□

リンゴの台木と仕立て方について、最も適切なものを選びなさい。

①マルバカイドウ台木を利用する普通栽培では、樹が小さいため、植え付け時から密植し、その後の間伐はしない。
②マルバカイドウ台木を利用した普通栽培樹では、幼木期には主幹形とし、成長するにしたがい、変則主幹形、開心形へと移行する。
③マルバカイドウ台木を利用した普通栽培では、細型紡すい形に仕立てる。
④ M.9や JM 7などの台木を利用したわい化栽培では、幼木期に主幹形とし、成長するにしたがい、変則主幹形、開心形へと移行する。
⑤ M.9や JM 7などの台木を使ったわい化栽培樹は、樹勢が強くなるので、間引きせん定を多くして樹勢を落ち着かせ、花芽が着きやすくする。

31 □□□

図はカンキツ類の開心自然形の側面図である。A～C の枝の名称の組み合わせとして、最も適切なものを選びなさい。

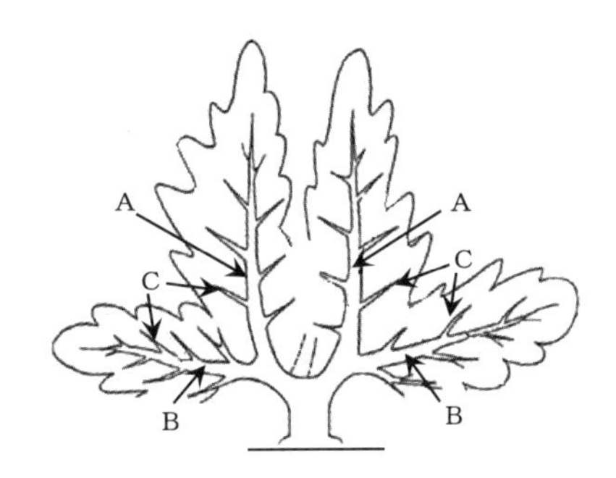

	A		B		C
①	主幹	－	主枝	－	亜主枝
②	主幹	－	主枝	－	側枝
③	主枝	－	主幹	－	亜主枝
④	主枝	－	亜主枝	－	側枝
⑤	主枝	－	側枝	－	亜主枝

32 □□□

落葉果樹の夏季せん定について、最も適切なものを選びなさい。
①夏季せん定とは新梢の切除であり、芽かきや摘心などは夏季せん定ではない。
②せん定は落葉期に行うもので、夏の間に枝の切除等はしてはならない。
③夏季せん定は樹の生育にまったく影響がないため、強く実施する。
④葉をつけている間の夏季せん定を主として、冬季せん定は補助的に行う。
⑤芽かきや徒長枝切除などが夏季せん定であり、適度に実施することによって受光体勢がよくなり、冬季のせん定の軽減にもなる。

33 □□□

間引きせん定について、最も適切なものを選びなさい。
①さらに枝を伸ばすために、枝の途中で切るせん定
②不要な枝を分岐部（基部）から切るせん定
③１本の枝では切る長さが短く、樹全体では切る量が少ないせん定
④１本の枝では切る長さが長く、樹全体では切る量が多いせん定
⑤樹の品種更新や若返りのために主幹や主枝を切るせん定

34 □□□

暗きょ排水について、最も適切なものを選びなさい。
①園内に溝を掘り、雨水を流すもの。
②園の周囲に溝を掘り、U字溝を設置したもの。
③園内に牧草等を栽培し、その根によって排水を向上させたもの。
④園内に深い溝を掘り、穴あきパイプ等を入れ、埋め戻したもの。
⑤園内に除草（殺草）剤を散布し、地表面の雨水をすばやく流すもの。

35 □□□

追熟処理が必要な果実の組み合わせとして、最も適切なものを選びなさい。
①セイヨウナシ、キウイフルーツ
②ブドウ、キウイフルーツ
③セイヨウナシ、モモ
④キウイフルーツ、リンゴ
⑤ブドウ、セイヨウナシ

36 □□□

ブドウの枝などで、早春に芽の上約１cmのところに浅い傷を入れる「芽傷」を実施することがあるが、この芽傷について、最も適切なものを選びなさい。

①新梢の勢いが強くて太く、芽が出にくいことが予想される場合に実施する。
②新梢の勢いが弱くて細く、芽が出にくいことが予想される場合に実施する。
③根からの養分の流入を遮断して、着色をよくするために実施する。
④葉で作られた光合成物質が根に転流することを遮断して、着色をよくするために実施する。
⑤枝の徒長的伸長を防止するために実施する。

37 □□□

キウイフルーツについて、最も適切なものを選びなさい。

①主力品種の「ヘイワード」の果肉の色は黄色である。
②果実は結果枝基部の葉えきに数個着果するが、摘果はしない方がよい。
③雌雄異株のため、結実を確保するためには、雄性品種の混植か、人工受粉をする。
④収穫適期は、樹上果実の試食を行って判断する。
⑤果実は風により落果しやすいので、棚栽培をする。

38 □□□

写真は、冬季圃(ほ)場の雪面に粉炭を散布したものである。この散布の目的として、最も適切なものを選びなさい。

①炭素成分を元肥として施肥するため。
②越冬病害虫を減らすため。
③融雪を促進するため。
④土壌の脱臭、団粒構造促進のため。
⑤野ネズミの駆除・忌避のため。

39 □□□

写真はニホンナシ「豊水」の収穫時の果実の断面である。この状況として、最も適切なものを選びなさい。

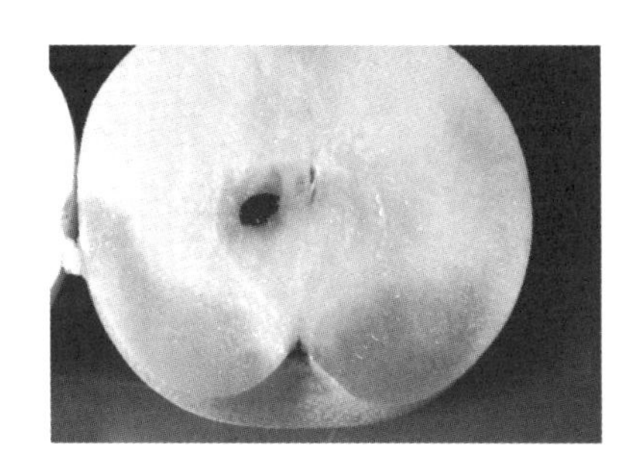

①日射による日焼け症状である。
②吸汁害虫による被害症状である。
③果肉に水浸状の透明な部分ができた「みつ症」であり、品質・日持ちが低下する。
④「みつ入り」であり、糖度が高く、おいしいナシである。
⑤病原菌侵入による芯腐れ病である。

40 □□□

病斑が発生した枝を基部から切り取り、圃(ほ)場外に持ち出し処分する病害虫防除法として、最も適切なものを選びなさい。
①化学的防除
②生物的防除
③物理的防除
④耕種（栽培）的防除
⑤総合的防除

41 □□□

写真はニホンナシ園の幼果期の棚である。棚に矢印のものが10a当たり150～200本が取りつけられている。これを取りつける目的として、最も適切なものを選びなさい。

①アブラムシ類の誘殺
②シンクイムシ類、ハマキムシ類の交尾阻害による次世代の密度低下
③ハダニ類の飛来防止
④害虫の越冬場所をつくるバンド誘殺
⑤殺菌剤をしみこませた病害発生の低減

42 □□□

ウンシュウミカンの新葉と幼果に写真のような病気が発生した。この病害の名称として、最も適切なものを選びなさい。

①黒とう病
②赤星病
③落葉病
④褐斑病
⑤そうか病

43 □□□

写真はリンゴ幼果の病害虫被害果である。発生当初は黒いスス症状、写真の段階ではコルク化して亀裂が生じている。この病害虫果の説明として、最も適切なものを選びなさい。

①ハマキムシに食害された被害果である。
②高温多雨年に多い炭そ病の被害である。病斑部はやがて腐敗する。
③開花期が冷涼湿潤な年に多い黒星病の被害である。果実のほか、葉や枝にも発生する。
④開花期が高温乾燥条件下の年に多いうどんこ病の被害である。
⑤幼果期のカメムシなどによる吸汁害によるものであり、被害部を中心にくぼんで肥大が抑えられ、奇形となる。

44 □□□

写真はモモの葉に発生した病気の症状である。AとBの病名の組み合わせとして、最も適切なものを選びなさい。

A

B

	A		B
①	縮葉病	—	せん孔細菌病
②	灰星病	—	炭そ病
③	せん孔細菌病	—	黒星病
④	炭そ病	—	縮葉病
⑤	黒星病	—	炭そ病

45 □□□

写真はリンゴのわい化栽培における白寒冷紗（しろかんれいしゃ）の被覆である。この被覆の目的として、最も適切なものを選びなさい。

①鳥害防止対策
②日焼け果発生軽減対策
③土壌を乾燥させるための雨対策
④風害による落果防止対策
⑤病害虫防除対策

46 □□□

モモの核割れを防止する方法として、最も適切なものを選びなさい。

①土壌の急激な乾燥と、その後のかん水を繰り返すことにより、糖度の向上と核割れを防止できる。

②強勢樹は核割れが生じないため、強せん定、窒素成分の多施用、最大限の摘花などを行う。

③摘果は、果実肥大の成長が緩やかな硬核期を中心に行う。

④摘果では、種子が二つとも発達した左右対称形の大きな果実の双胚果を残す。

⑤硬核期に急激な肥大をさせないように、窒素過多、過度の摘果、過剰のかん水等を行わない。

47 □□□

写真のテンシオメーターについて、最も適切なものを選びなさい

①土壌水分を測定している。

②土壌の温度（地温）を測定している。

③土壌の pH を測定している。

④土壌の物理性を測定している。

⑤土壌の窒素成分量を測定している。

48 □□□

写真の果実用袋について、最も適切なものを選びなさい。

①果軸が短いウメ用であり、数個同時に被覆するためのＶ字カットである。
②リンゴ用であり、Ｖ字カット部を果軸に巻き付ける。
③モモ用であり、枝に巻き付けるためのＶ字カットである。
④雨に弱いオウトウ用であり、多く果実が入れやすいＶ字カットである。
⑤ナシ用であり、Ｖ字カット部を果軸に巻き付ける。

49 □□□

根域制限栽培の目的・効果について、最も適切なものを選びなさい。
①早期成園化、高糖度等の高品質果実の生産が目的である。
②根の量や伸びが少ないため、かん水・施肥が不要となる。
③施肥により樹の強勢化となり、骨格が太い大樹となる。
④施肥により、１樹当たりの収量増・大玉生産が可能である。
⑤樹の周囲に溝やタコつぼ状の穴を掘って、根の生育をよくする。

50 □□□

巨峰等のジベレリン処理において「50mg のジベレリンを２Ｌの水に溶かせば25ppm の処理溶液ができる」ことが表示されている。この場合の「50mg」と「25ppm」が示している数値の組み合わせとして、最も適切なものを選びなさい。

	50mg	25ppm
①	50／100（0.5）g	25／100（0.25）
②	50／100（0.5）g	25／1,000（0.025）
③	50／100（0.5）g	25／１万（0.0025）
④	50／1,000（0.05）g	25／10万（0.00025）
⑤	50／1,000（0.05）g	25／100万（0.000025）

選択科目（畜産）

11 □□□

ブロイラー（肉用若鶏）の作出において、おもに雌系で使用される品種として、最も適切なものを選びなさい。

①白色コーニッシュ種
②白色レグホーン種
③白色プリマスロック種
④横はんプリマスロック種
⑤ロードアイランドレッド種

12 □□□

次のA～Cにあてはまる語句の組み合わせとして、最も適切なものを選びなさい。

「ニワトリの消化管は、食道に素のうが発達し、(A)(B)の順番で十二指腸につながっている。回腸と直腸の間には(C)の盲腸がある。」

	A		B		C
①	腺胃	—	筋胃	—	1本
②	腺胃	—	筋胃	—	2本
③	筋胃	—	腺胃	—	1本
④	筋胃	—	腺胃	—	2本
⑤	筋胃	—	腺胃	—	3本

13 □□□

ニワトリの肝臓に作用して卵黄成分の合成を促進するホルモンとして、最も適切なものを選びなさい。

①プロゲステロン
②アンドロゲン
③下垂体後葉ホルモン
④性腺刺激ホルモン
⑤エストロゲン

14 □□□

次のA～Dにあてはまる語句の組み合わせとして、最も適切なものを選びなさい。

「ニワトリのひなの光線管理は、(A)の調整を目的に行い、明るい時間が長いと(B)なり、短いと(C)なる。産卵しているニワトリでは、照明時間を短くすると(D)する。」

	A	B	C	D
①	性成熟	性成熟が遅く	性成熟が早く	産卵率が向上
②	性成熟	性成熟が早く	性成熟が遅く	産卵率が低下
③	体重	増体が大きく	増体が小さく	体重が増大
④	体重	増体が小さく	増体が大きく	体重が減少
⑤	体重	増体が小さく	増体が大きく	体重が増大

15 □□□

ふ卵の時に転卵をする目的として、最も適切なものを選びなさい。

①ふ卵期間を短縮するため。
②ヒナの雌雄を判別するため。
③無性卵や発育中止卵を見分けるため。
④発育中の胚を卵殻膜にゆ着させないため。
⑤神経や血管の形成を促すため。

16 □□□

ニワトリの配合飼料の飼料原料の説明として、最も適切なものを選びなさい。

①マイロはトウモロコシとほぼ同等の栄養価があるが、多給すると卵黄色が濃くなる。
②飼料用米はトウモロコシの代替えとして利用できるが、多給すると卵黄色が薄くなる。
③トウモロコシは、おもにタンパク質源として配合されている。
④ニワトリの配合飼料に最も多く配合されているのは魚粉である。
⑤タンパク質の供給源として最も多く配合されているのはナタネ粕である。

17 □□□

ニワトリの病気のうち、病原体がウイルスで、おもに蚊などの節足動物によって媒介されるものはどれか、最も適切なものを選びなさい。

①ニューカッスル病
②マレック病
③ロイコチトゾーン症
④鶏痘
⑤鶏伝染性気管支炎

18 □□□

ブタの大ヨークシャー種の特徴として、最も適切なものを選びなさい。

①デンマーク原産の白色大型のブタで、耳がたれている。
②アメリカ原産の赤褐色のブタで背は弓状に張り、肉付きがよい。
③アメリカ原産の黒色のブタであるが、肩から前肢にかけて白帯がある。
④イギリス原産の白色大型のブタで、耳が直立している。
⑤イギリス原産の黒色のブタであるが、顔先、四肢先端、尾端が白い。

19 □□□

雌豚の生殖器の図のA～Cの名称の組み合わせとして、最も適切なものを選びなさい。

	A		B		C
①	子宮体	—	子宮角	—	子宮頸
②	子宮体	—	子宮頸	—	子宮角
③	子宮頸	—	子宮体	—	子宮角
④	子宮角	—	子宮体	—	子宮頸
⑤	子宮角	—	子宮頸	—	子宮体

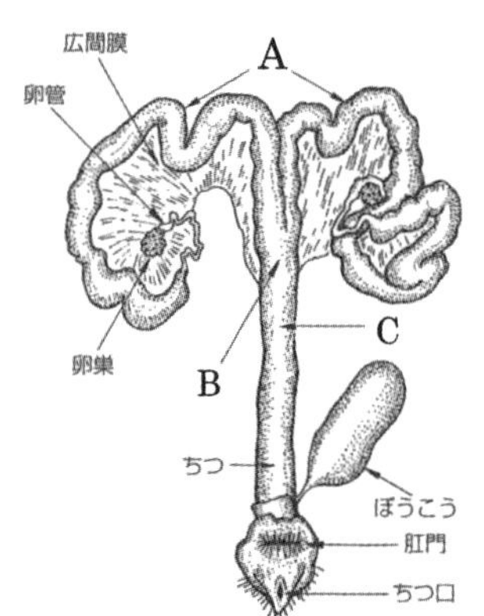

20 □□□

生後2～3日齢の子豚に貧血防止のために投与するものとして、最も適切なものを選びなさい。

①ビタミン剤
②カルシウム剤
③マグネシウム剤
④タウリン剤
⑤鉄剤

21 □□□

種雌豚の繁殖共用開始の適期として、最も適切なものを選びなさい。

①2～3か月齢
②5～6か月齢
③8～9か月齢
④11～12か月齢
⑤15～16か月齢

22 □□□

「ふけ肉」ともいわれ、ロース部の赤みが消えて灰色をおび、筋肉の間から水がしたたる状態の豚肉を何というか、最も適切なものを選びなさい。

① PRW 豚肉
② PSE 豚肉
③ PWM 豚肉
④ PMS 豚肉
⑤ PEF 豚肉

23 □□□

ブタの流行性脳炎の説明として、最も適切なものを選びなさい。

①発熱、多量のよだれなどがみられ、舌、口、ひづめなどに水ほうが形成される。
②敗血症型では高熱を発し下痢や血便となる。下腹部に紫はんができて衰弱死する。
③子豚はけいれん、まひして死亡する。妊娠豚は胎子が死亡して黒くなり、死産となる。
④食欲不振、粘液と血液が混ざった下痢便をする。慢性化すると発育が極端に遅延する。
⑤くしゃみ、鼻汁、流涙で、目の下にアイパッチが現れる。鼻が曲がり出血したりする。

24 □□□

SPF豚の規制対象となっている病気として、最も適切なものを選びなさい。
①口蹄疫
②豚コレラ
③マレック病
④伝染性胃腸炎
⑤マイコプラズマ肺炎

25 □□□

ウシの品種と用途の組み合わせとして、最も適切なものを選びなさい。
①アバディーン・アンガス種 — 乳用種
②シャロレー種 — 乳用種
③ガンジー種 — 乳用種
④ジャージー種 — 肉用種
⑤ブラウンスイス種 — 肉用種

26 □□□

ウシのA—B間の測定部位の名称として、最も適切なものを選びなさい。
①体高
②体長
③胸深
④寛幅
⑤管囲

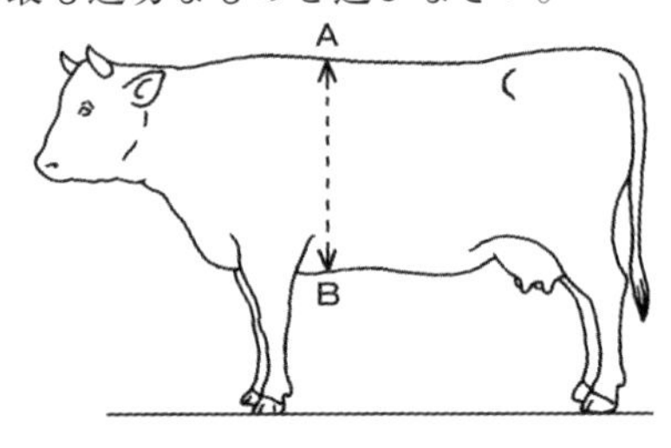

27 □□□

反すう動物のルーメンにおける消化・吸収に関する説明として、最も適切なものを選びなさい。

①反すう動物において、単糖類の炭水化物は、ルーメン内の微生物により分解されて揮発性脂肪酸が生成される。
②ルーメン内で生成される揮発性脂肪酸として、7割弱を酪酸が占め、プロピオン酸は2割弱、酢酸は1割強の割合である。
③生成された揮発性脂肪酸は、ほかの単胃動物と同様に、第4胃まで運ばれて小腸で吸収され、エネルギー源として利用される。
④飼料中の脂肪は、ルーメン微生物のもつリパーゼの作用で長鎖の飽和脂肪酸に分解され、飼料中の脂肪含量が多くなるほどルーメン微生物の活性も高まる。
⑤ルーメンで分解されるルーメン分解性タンパク質は、ルーメン微生物によりアミノ酸やアンモニアまで分解され、ルーメン微生物体のタンパク質合成に利用される。

28 □□□

乳牛の飼料給与に関する説明として、最も適切なものを選びなさい。

① TMRによる給与ではウシの選び食いがなくなるため、第4胃の機能を正常に保つことができる。
② TMRを1種類給与すれば栄養のアンバランスは生じないので、給与を省力化できる。
③分離給与では第1胃内のpH低下を防ぐため、粗飼料、濃厚飼料の順に給与する。
④分離給与は、TMRによる給与と比較して、個体ごとの飼料給与量の管理が難しくなる。
⑤放牧ではウシが草を求めて歩くので濃厚飼料を給与する必要はなく、高泌乳牛に適している。

29 □□□

ウシの乳器の図のA～Cにあてはまる語句の組み合わせとして、最も適切なものを選びなさい。

	A		B		C
①	乳腺胞	—	乳そう	—	乳腺葉
②	乳そう	—	乳腺胞	—	乳腺葉
③	乳そう	—	乳腺葉	—	乳腺胞
④	乳腺葉	—	乳そう	—	乳腺胞
⑤	乳腺葉	—	乳腺胞	—	乳そう

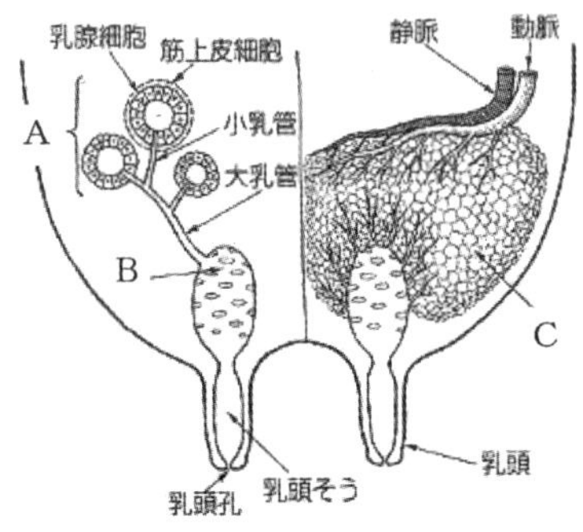

30 □□□

乳牛を乾乳させる期間として、最も適切なものを選びなさい。

①60日
②90日
③120日
④150日
⑤180日

31 □□□

図の搾乳システムの名称として、最も適切なものを選びなさい。

①タンデム・ウォークスルー方式
②アブレスト方式
③ライトアングル（パラレル）方式
④ヘリンボーン方式
⑤ロータリーパーラー方式

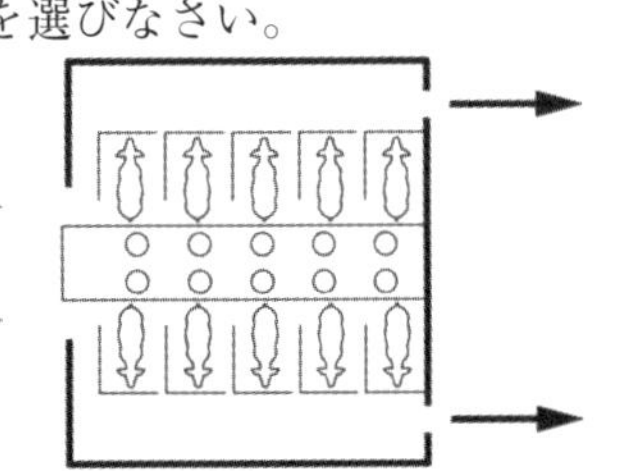

32 □□□

ウシの発情前後のホルモンの動きについて、次のA～Cに入る語句の組み合わせとして、最も適切なものを選びなさい。

「発情前後のホルモンについて、排卵前に黄体から分泌される（A）濃度が低下し、それに変わって（B）濃度が上昇して発情兆候が現れる。そして、（C）の一過性の放出後に排卵が起こる。」

	A	B	C
①	エストロジェン	テストステロン	黄体形成ホルモン
②	エストロジェン	テストステロン	プロジェステロン
③	エストロジェン	プロジェステロン	テストステロン
④	プロジェステロン	黄体形成ホルモン	テストステロン
⑤	プロジェステロン	エストロジェン	黄体形成ホルモン

33 □□□

写真の下になっているウシの発情行動として、最も適切なものを選びなさい。

①マウンティング
②フリーマーチン
③フレーメン
④スタンディング
⑤リッキング

34 □□□

ウシの妊娠診断を超音波検査法で行う場合、一般的に妊娠何日目から胎子の確認が可能となるか、最も適切なものを選びなさい。

①3日
②5日
③10日
④15日
⑤30日

35 □□□

ウシの分娩に関する説明として、最も適切なものを選びなさい。
①分娩時には陣痛が始まり、羊膜が破れて第1次破水が起こる。
②分娩が近づくと乳房が大きくなり、粘液が排出され、尾根部の両側が落ち込む。
③胎子の腹面を上にして、後肢から出てくるのが正常分娩である。
④後産（胎盤）は通常分娩24時間後に娩出される。
⑤後産（胎盤）は通常分娩36時間後に娩出される。

36 □□□

受精卵（胚）移植技術の説明として、最も適切なものを選びなさい。
①受精卵移植により、ドナー牛由来の能力をもつ子牛を数多く生産できる。
②レシピエント牛にホルモン剤を投与し、過剰排卵させる。
③レシピエント牛には発情時に受精卵移植を行う。
④回収された受精卵は、未受精卵を除いてすべて凍結保存に適している。
⑤ドナー牛に過剰排卵させた後に人工授精を行い受胎・分娩をさせる。

37 □□□

性周期が正常に営まれているのに、3回以上の人工授精を行っても受胎しない症状の雌ウシを何というか、最も適切なものを選びなさい。
①フリーマーチン
②ケトーシス
③ゲノム
④ダウナー
⑤リピートブリーダー

38 □□□

和牛の日本短角種の特徴として、最も適切なものを選びなさい。
①全国に分布し、毛色は黒の単色で角、つめのいずれも黒い。
②日本在来種にショートホーン種を交配して改良され、角は白やあめ色である。
③主産地である熊本系は黄褐色、高知系は赤褐色の毛色である。
④山口県が主産地で、毛色は黒の単色で黒みが強い。
⑤毛色は赤褐色と白の斑紋で、顔に白の斑紋があり、体下部や尾房が白い。

39 □□□

写真はウシの枝肉である。「ア」の部位の筋肉の名称として、最も適切なものを選びなさい。

①腹鋸（ふくきょ）筋
②広背（こうはい）筋
③僧帽（そうぼう）筋
④菱形（ひしがた）筋
⑤胸最長（きょうさいちょう）筋

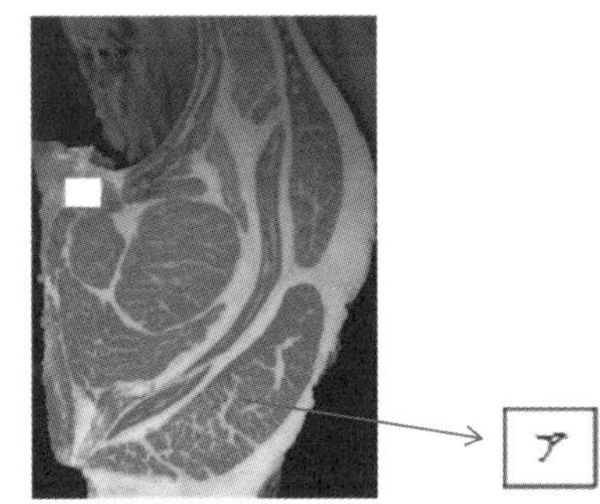

40 □□□

ウシの法定伝染病のうち、年間の発生頭数が最も多い病気はどれか、最も適切なものを選びなさい。

① BSE（牛海綿状脳症）
②ヨーネ病
③狂犬病
④口蹄疫
⑤牛肺疫

41 □□□

ウシの耳の模式図のうち、耳標を装着する位置として、最も適切なものを選びなさい。

①ア
②イ
③ウ
④エ
⑤オ

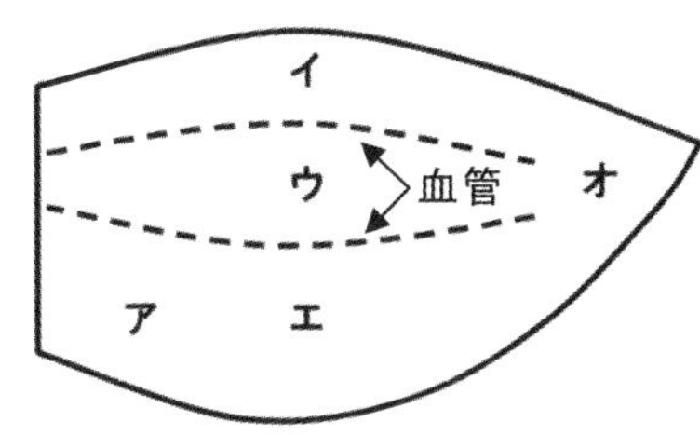

42 □□□

マメ科の牧草として、最も適切なものを選びなさい。
①オーチャードグラス
②スーダングラス
③チモシー
④シロクローバ
⑤ケンタッキーブルーグラス

43 □□□

最も可消化養分総量（TDN）が高い飼料として、適切なものを選びなさい。
①チモシー
②デントコーンサイレージ
③オーツヘイ
④稲わら
⑤ルーサン

44 □□□

高品質なサイレージを調製するための重要なポイントとして、最も適切なものを選びなさい。
①あらかじめ、踏圧や圧縮で調製材料から空気を抜く。
②調製する作物の収穫は適期を過ぎてから行う。
③調整材料の水分を20～30％に抑える。
④発酵させる間は絶えず通気を行う。
⑤乳酸菌添加材は使用しない。

45 □□□

次の説明に該当する飼料として、最も適切なものを選びなさい。

「環境や生態、節約を配慮し、食品残渣などを利用して製造された飼料」

① WCS
② TMR
③エコフィード
④サイレージ
⑤ウェットフィーディング

46 □□□

次のA～Cにあてはまる語句の組み合わせとして、最も適切なものを選びなさい。

「家畜ふん尿の堆肥化とは、(A) が (B) を利用して、ふん尿中にある (C) を分解して取り扱いやすくし、作物にとって安全なものにすることである。」

	A		B		C
①	好気性微生物	—	二酸化炭素	—	無機物
②	好気性微生物	—	酸素	—	有機物
③	好気性微生物	—	酸素	—	無機物
④	嫌気性微生物	—	二酸化炭素	—	有機物
⑤	嫌気性微生物	—	酸素	—	有機物

47 □□□

家畜排せつ物の管理として、最も適切なものを選びなさい。

①家畜排せつ物の管理施設は、床を汚水が浸透しないようにしなければならない。
②固形の家畜排せつ物の管理施設には、側壁や覆いは設置しなくてもよい。
③液状の家畜排せつ物の管理施設は、地下浸透が可能な構造にする必要がある。
④家畜排せつ物の発生量等の記録は必要なく、適切に管理できていればよい。
⑤家畜排せつ物を取り締まる法律は日本にはなく、個々の判断に任されている。

48 □□□

写真の作業機械の名称として、最も適切なものを選びなさい。

①ロールベーラ
②ヘイレーキ
③ヘイコンディショナ
④モーア
⑤ヘイベーラ

49 □□□

次の説明に該当する名称として、最も適切なものを選びなさい。

「生産される畜産物の安全性の確保および生産性の向上を図るため、危害要因の分析・評価を行い、個々の農場の状況に応じた一般的衛生管理システムや必須管理点を決め、適切な使用衛生管理に取り組むことにより最終的な製品の危害汚染を防止しようとするもの。」

①農場 HACCP
②アニマルウェルフェア
③トレーサビリティーシステム
④フードシステム
⑤畜産 GAP

50 □□□

近年の日本の畜産に関する説明として、最も適切なものを選びなさい。
①農業総産出額のうち畜産部門は約6割を占めている。
②畜産物の自給率（重量ベース）が高い順は、鶏卵、肉類、牛乳・乳製品となっている。
③飼料の自給率は、国産飼料の増産化の推進により大幅に向上している。
④畜産物の輸出額による輸出実績は、牛肉が最も多い。
⑤畜産物の輸入額による輸入実績は、豚肉よりも牛肉が多い。

選択科目（食品）

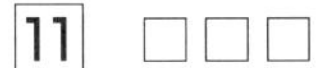

11

おもに根を食用としている野菜として、最も適切なものを選びなさい。

①タケノコ
②ジャガイモ
③サツマイモ
④タマネギ
⑤サトイモ

12 □□□

オリゴ糖の説明として、最も適切なものを選びなさい。

①人間の消化酵素では消化されない食物中の難消化成分の総称である。
②２～10数個の単糖類がグリコシド結合によって結合した糖質の総称である。
③食品中の色素やあくなどの総称である。
④２個以上のアミノ酸がペプチド結合した化合物の総称である。
⑤グリセリンに３つの脂肪酸が結合した化合物の総称である。

13 □□□

栄養素の代謝を助け、体調を正常に保つ働きがあり、酸素や光･熱などに不安定な欠点がある栄養素として、最も適切なものを選びなさい。

①炭水化物
②タンパク質
③脂質
④無機質
⑤ビタミン

14 □□□

納豆の粘性物質の材料となる成分として、最も適切なものを選びなさい。
①グルタミン酸
②グアニル酸
③イノシン酸
④αデンプン
⑤βデンプン

15 □□□

脂溶性ビタミンの組み合わせとして、最も適切なものを選びなさい。
①ビタミンA、ビタミンB、ビタミンE
②ビタミンK、ビタミンA、ビタミンD
③ビタミンE、ビタミンC、ビタミンA
④ビタミンB、ビタミンE、ビタミンK
⑤ビタミンC、ビタミンD、ビタミンE

16 □□□

植物に含まれる緑色の色素で葉緑素ともいわれる成分として、最も適切なものを選びなさい。
①キサントフィル
②フラボノイド
③カロテノイド
④クロロフィル
⑤アントシアニン

17 □□□

光によって劣化する食品と劣化の内容の組み合わせとして、最も適切なものを選びなさい。
①牛乳 ………… 乳酸生成による凝固
②ジャガイモ … 表皮の緑化とソラニンの生成
③日本酒 ……… 火落ちによる白濁・酸化
④肉類 ………… ミオグロビンのニトロソミオグロビンへの変化
⑤バナナ ……… 果皮の斑点状の黒変と果肉の硬化

18 □□□

デンプンの老化の説明として、最も適切なものを選びなさい。

①α化したデンプンが冷めて、部分的にもとのβデンプンに近い状態になること。
②生のデンプンに水を加えて加熱すると、消化が容易なαデンプンになること。
③αデンプンがβデンプンに変化することで、30～40℃で最も起こりやすい。
④α化したデンプンを高温のまま乾燥することにより、老化が進行する。
⑤冷めたご飯を再加熱すると、もとのαデンプンになること。

19 □□□

収穫後の呼吸量（CO_2mg／kg・h）が多い農産物として、最も適切なものを選びなさい。

①バレイショ
②ピーマン
③キュウリ
④ナス
⑤ホウレンソウ

20 □□□

あん製造の原理を説明した記述のA、Bに入る語句の組み合わせとして、最も適切なものを選びなさい。

「デンプンは（A）し、消化しやすくなる。小豆のデンプンは（B）の膜に保護されているため、のり状にならない。」

	A		B
①	α化	－	タンパク質
②	β化	－	揮発性脂肪酸
③	飽和	－	アミロース
④	硬化	－	ペクチン
⑤	熟成	－	アミロペクチン

21 □□□

食品製造にかかわる酵素とその作用の組み合わせとして、最も適切なものを選びなさい。

①ペクチナーゼ　—　油脂を多く含んだ食品で、酸敗の原因となる脂肪酸を遊離させる。
②プロテアーゼ　—　ビタミンCを酸化したり、リンゴやバナナを褐変させる。
③リパーゼ　—　カキなどの果実が熟した時、組織をやわらかくする。
④オキシダーゼ　—　肉組織を軟化させ、風味を向上させる。
⑤アミラーゼ　—　サツマイモを加熱して焼きいもにすると、甘みが増す。

22 □□□

原料に食塩を使用せずに圧出成型するめん類として、最も適切なものを選びなさい。

①手延べそうめん
②手打ちうどん
③中華めん
④スパゲティ
⑤手打ちそば

23 □□□

暗発芽させてもやしとして利用するほか、デンプンを原料としてハルサメにする豆類として、最も適切なものを選びなさい。

①リョクトウ
②エンドウ
③ラッカセイ
④ダイズ
⑤アズキ

24 □□□

製パンの副原料である「油脂」の役割として、最も適切なものを選びなさい。

①パン生地を引き締め、粘弾性を高める。
②有害菌の繁殖を抑え、パン酵母の発酵を安定させる。
③生地の粘弾性を増し、安定性を与え、作業をしやすくする。
④パンに保水性と柔軟性を与える。
⑤パンの水分蒸発を防ぎ、デンプンの老化を遅らせ、保存性を高める。

25 □□□

オレンジマーマレードの加工時に果汁に調製した果皮を加える工程として、最も適切なもの選びなさい。

①水煮
②水さらし
③搾汁
④加熱・濃縮
⑤冷却

26 □□□

干し柿の製造で用いられる渋柿が、乾燥前は渋みが強いのに、乾燥後は渋みが感じられなくなる理由として、最も適切なものを選びなさい。

①タンニンが減少するため。
②乾燥中に水分が減少するため。
③タンニンが増加するため。
④乾燥中に糖分が合成されるため。
⑤タンニンが不溶化するため。

27 □□□

バターの製造において、クリームを激しくかくはんして、クリーム中の脂肪をバター粒子にする製造工程として、最も適切なものを選びなさい。

①エージング
②チャーニング
③ワーキング
④遠心分離
⑤乳化

28 □□□

乳等省令において、生乳、牛乳、特別牛乳または生水牛乳から乳脂肪分を除去して、さらに濃縮したものとして、最も適切なものを選びなさい。

①濃縮乳
②脱脂濃縮乳
③無糖練乳
④無糖脱脂練乳
⑤加糖練乳

29 □□□

次の原材料の配合によりつくられるものとして、最も適切なものを選びなさい。

・サラダ油350g　・卵黄30g　・食酢30g　・食塩６ｇ ・砂糖４ｇ　・こしょう２ｇ　・からし２ｇ

①アイスクリーム
②フレンチドレッシング
③マヨネーズ
④ピータン
⑤エバミルク

30 □□□

ソーセージの製造において、サイレントカッターに肉を移し、調味料と香辛料、最後に脂肪を加える工程として、最も適切なものを選びなさい。

①細切り
②塩漬
③肉ひき
④練り合わせ
⑤充てん

31 □□□

ハムやベーコン製造の際、加熱処理後も鮮やかな赤色を保つために使用する発色剤の組み合わせとして、最も適切なものを選びなさい。

①硝酸カリウム、亜硝酸ナトリウム
②水酸化カリウム、水酸化ナトリウム
③塩化カリウム、塩化ナトリウム
④炭酸水素ナトリウム、炭酸水素アンモニウム
⑤リン酸カルシウム、リン酸ナトリウム

32 □□□

牛乳の検査で「ゲルベル法」によって測定するものとして、最も適切なものを選びなさい。

①比重の測定
②脂肪の測定
③酸度の測定
④ pH の測定
⑤アルコールの測定

33 □□□

素材から特定成分を取り出し、そのいくつかを素材として改めて組み合わせ、色・味・香・形・テクスチャーを調整して仕上げた食品として、最も適切なものを選びなさい。

①バター
②ポテトチップス
③レトルトトウモロコシ
④かに風味かまぼこ
⑤ブドウジュース

34 □□□

次の「いも焼酎」の製造工程のA、Bに入る工程の組み合わせとして、最も適切なものを選びなさい。

製麹・一次仕込み（酒母）
↓
原料いもの選別・洗浄 → 蒸煮・二次仕込み → （A） →
貯蔵・(B) → ブレンド → 容器充填

	A		B
①	圧搾	—	発酵
②	煮熟	—	ろ過
③	蒸留	—	熟成
④	発酵	—	おり引き
⑤	圧搾	—	熟成

35 □□□

ナスの漬物にミョウバンや古くぎを入れる理由として、最も適切なものを選びなさい。

①クロロフィルを安定させるため。
②フラボノイドの酸化を抑えるため。
③アントシアニンの色調を安定化させるため。
④カロテノイドを安定させるため。
⑤たんぱく質を凝固させるため。

36 □□□

しょうゆの製造工程において、「炒(い)った小麦と蒸した大豆を混合した後、種麹を繁殖させてつくった麹と食塩水を1：1または1：2の割合で混ぜたときの状態」の名称として、最も適切なものを選びなさい。

①生しょうゆ
②生揚げしょうゆ
③たまりしょうゆ
④白しょうゆ
⑤もろみ

37 □□□

微生物による発酵として、最も適切なものを選びなさい。

①蒸煮ダイズの粘質物生成
②米粒の脂質分解
③ジャガイモ貯蔵中の糖類増加
④かまぼこ表面の粘質物生成
⑤生肉のアンモニア発生

38 □□□

果実もしくは果実および水を原料として発酵させたアルコール含有物を蒸留した酒類として、最も適切なものを選びなさい。

①ウイスキー
②リキュール
③果実酒
④甘味果実酒
⑤ブランデー

39 □□□

食品の腐敗・変敗を防止するための保存料として、最も適切なものを選びなさい。

①グルコノデルタラクトン
②アスパラギン酸
③メントール
④安息香酸ナトリウム
⑤サッカリンナトリウム

40 □□□

ヨウ素酸カリウム-デンプン紙による定性試験より存在が判明する食品添加物として、最も適切なものを選びなさい。

①安息香酸
②亜硫酸塩
③ソルビン酸
④亜硝酸塩
⑤酸性タール色素

41 □□□

熱帯・亜熱帯のサンゴ礁周辺に生息する魚介類に存在し、食べると下痢・おう吐、温度感覚の異常等の食中毒を起こす原因成分として、最も適切なものを選びなさい。

①ヒ素
②有機水銀
③カドミウム
④シガテラ毒
⑤ PCB

42 毒素型の食中毒の原因となり、潜伏期間は短く食品中で増殖するとエンテロトキシンを産生する細菌として、最も適切なものを選びなさい。

①サルモネラ
②腸炎ビブリオ
③黄色ブドウ球菌
④カンピロバクター
⑤病原大腸菌

43 □□□

食品による感染症として、最も適切なものを選びなさい。

①トキソプラズマ
②アレルギー
③アニサキス
④回虫
⑤赤痢

44 □□□

ポジティブリスト制度の説明として、最も適切なものを選びなさい。
①国民の健康向上を目的とした制度
②食料の安全供給を確保するための制度
③外食の原料生産地の表示を義務付ける制度
④不適切な農薬などの利用を規制した制度
⑤個々の作物に対する適切な肥料を推奨する制度

45 □□□

加工食品のアレルギー表示対象品目で「特定原材料7品目」に該当する原材料として、最も適切なものを選びなさい。
①アーモンド
②バナナ
③ラッカセイ
④クルミ
⑤ゴマ

46 □□□

賞味期限の表示を省略できる加工食品として、最も適切なものを選びなさい。
①即席めん
②アイスクリーム
③パン類
④缶詰
⑤ジャム類

47 □□□

家庭からでるゴミの減量化を図るため、市町村ではゴミの分別収集に取り組んでいるが、容器包装リサイクル法において、リサイクルの義務の対象となる容器として、最も適切なものを選びなさい。
①アルミ缶
②スチール缶
③段ボール
④紙パック
⑤PET ボトル

48 □□□

おもにLL牛乳やゼリー、ミネラルウォーター、米飯などで利用されている包装形態として、最も適切なものを選びなさい。

①真空包装
②ガス置換包装
③無菌包装
④びん詰
⑤缶詰

49 □□□

HACCPの説明として、最も適切なものを選びなさい。

①原材料の受け入れから出荷にいたる各工程のなかから、食品の安全性を損なうことが考えられる工程を監視して、危害を防止すること。
②企業および他の組織がグローバルな視野に立ち、顧客との相互理解を得ながら、公正な競争を通じて行う市場創造のための総合的活動のこと。
③原材料の見直しや製造機器の変更および従業員の教育等により、生産性の向上を図ること。
④品質のよい製品を効率よく生産するため、全員参加で機械の保全を計画的に行う活動のこと。
⑤あらゆる商品やサービスの国際的な交流を容易にするため、国際的に通用する規格を制定する機関のこと。

50 □□□

食品製造室における異物混入対策として、最も適切なものを選びなさい。

①食品製造室は暑いので、袖口の広い、半袖の作業衣を着用し、熱中症を防止する。
②マスクを着用すると声が聞こえにくくなり、連絡しにくくなるので、着用しない。
③いつでも問題点を記録できるように、メモ紙と筆記用具は作業衣のポケットに入れておく。
④ピアスやネックレス等の装飾品は身につけない。
⑤腕時計をつけて製造工程の時間を正確に管理・把握する。

2023年度　第2回（12月9日実施）
日本農業技術検定　２級　試験問題

◎受験にあたっては、試験官の指示に従って下さい。
　指示があるまで、問題用紙をめくらないで下さい。
◎受験者氏名、受験番号、選択科目の記入を忘れないで下さい。
◎問題は全部で５０問あります。１～１０が農業一般、１１～５０が選択科目です。
　選択科目は１科目だけ選び、解答用紙に選択した科目をマークして下さい。
　選択科目のマークが未記入の場合には、得点となりません。
◎すべての問題において正答は1つです。1つだけマークして下さい。
　２つ以上マークした場合には、得点となりません。
◎試験時間は６０分です（名前や受験番号の記入時間を除く）。

【選択科目】

解答一覧は、「解答・解説編」（別冊）の３ページにあります。

日付			
点数			

農業一般

製造者が全国的な販売を展開し、強力なブランド力をもっている商品として、最も適切なものを選びなさい。

①自主企画商品
②ストア・ブランド（SB）商品
③ナショナル・ブランド（NB）商品
④ノーブランド商品
⑤プライベート・ブランド（PB）商品

2 □□□

食品表示基準の改正により、2022（令和４）年４月から、国内で製造するすべての加工食品に対して、何の表示が義務化されているか、最も適切なものを選びなさい。

①賞味期限
②原材料の原産地表示
③栄養成分表示
④販売者
⑤保存方法

3 □□□

酸に強く衛生的な容器として古くから使われてきた包装材であり、また、この容器には王冠やスクリューキャップで栓がされ、液体食品に多く用いられているものとして、最も適切なものを選びなさい。

①ガラス
②金属
③紙
④プラスチック
⑤発泡スチロール

4 □□□

災害、その他の不慮の事故や農産物の需給変動による農業収入の減少など、農業者が被る損失を補てんする農業保険制度を運用する機関として、最も適切なものを選びなさい。

①農業協同組合
②農業生産組織
③土地改良区
④農業共済組合
⑤普及指導センター

5 □□□

農企業利潤の説明として、最も適切なものを選びなさい。

①農業粗収益から農業経営費を差し引いたもうけである。
②農業粗収益から農業生産費（原価）を差し引いたもうけである。
③家族労働費をはじめ、自作地地代、自己資本利子を含むもうけである。
④地代と利子の部分は、すべて経費に見積もり、家族の労働に対する報酬の部分だけをもうけとみなしたものである。
⑤経営者以外の家族労働の部分を経費に計上したもうけである。

6 □□□

経営の外部環境と内部環境を「強み・弱み・機会・脅威」の４つの要素で整理して戦略を探る手法として、最も適切なものを選びなさい。

①アンゾフの成長ベクトル分析
② PPM（プロダクト・ポートフォリオ・マネジメント）
③ SWOT 分析
④バリューチェーン分析
⑤ポーターの３つの戦略

7 □□□

農林水産省が2021（令和３）年に策定した「みどりの食料システム戦略」に掲げた2050年までの目標のA～Cにあてはまる数値の組み合わせとして、最も適切なものを選びなさい。

・化学農薬の使用量をリスク換算で（　A　）%低減
・化学肥料の使用量を（　B　）%低減
・耕地面積に占める有機農業の取り組み面積を（　C　）%、100万 haに拡大

	A		B		C
①	10	―	10	―	15
②	20	―	30	―	20
③	30	―	30	―	15
④	50	―	30	―	25
⑤	50	―	50	―	50

8 □□□

食品関連事業者等から未利用食品等の寄付を受けて、貧困や災害等により食べ物を必要としている施設や団体、世帯、個人に無償で提供する団体として、最も適切なものを選びなさい。

①こども食堂
②日本型食生活
③フードバンク
④学校給食
⑤和食

9 □□□

市町村に設置されている行政機関である農業委員会が執行する事務として、最も適切なものを選びなさい。

①地理的表示に関する事務
②６次産業化に関する事務
③特定農産物に関する事務
④農地に関する事務
⑤指定種苗に関する事務

10 □□□

省エネルギー設備の導入や再生可能エネルギーの利用によるCO_2等の排出削減量や、適切な森林管理によるCO_2等の吸収量を国が認証する制度として、最も適切なものを選びなさい。

①Ｊ－クレジット制度
②生産情報保護制度
③GI保護制度
④インボイス制度
⑤環境ラベリング制度

選択科目（作物）

本田の準備に関する説明として、最も適切なものを選びなさい。

①水田に施肥された肥料はすべて水稲に吸収されるので、施肥設計は必要ない。
②水稲作の施肥方法は、土壌の全層にいきわたる方式しか採用していない。
③施肥量は地域により品種や作期別の基準があるが、収量目標に基づいて決定する。
④代かきとは、水田をプラウで作土を掘り起こし、反転させる作業である。
⑤耕起に続いて土壌を細かくする作業を砕土という。

12 □□□

イネの種もみを20℃の水で浸したとき、発芽までに要するおおよその日数として、最も適切なものを選びなさい。

①1日
②5日
③10日
④15日
⑤20日

13 □□□

水稲栽培の水管理に関する説明として、最も適切なものを選びなさい。

①田植え直後、浮き苗やころび苗を出さないように完全に落水する。
②苗の活着後、成長を促すために苗が水没するくらいの深水にする。
③最高分げつ期頃にイネの無効分げつ抑制のために1週間ほど深水にする。
④幼穂発育期には1～3日ごとにかんがいと落水を繰り返す。
⑤穂ばらみ期から出穂・開花期にかけて、収穫に備えるために落水する。

14 □□□

イネの出穂に関する説明のA～Cにあてはまる語句の組み合わせとして、最も適切なものを選びなさい。

「1つの株の穂のうち（A）が出穂したときを、その株の（B）という。また、水田全体で（A）の株が出穂したときを、その水田の（B）といい、約90%が出穂したときを（C）という。」

	A		B		C
①	30～40%	—	絹糸抽糸日	—	絹糸ぞろい期
②	40～50%	—	穂ぞろい期	—	出穂日
③	40～50%	—	出穂期	—	穂ぞろい期
④	50～60%	—	出穂期	—	穂ぞろい期
⑤	60～70%	—	出穂期	—	穂ぞろい期

15 □□□

イネの健全な葉の状態として、最も適切なものを選びなさい。

①葉が長く、広くかたい。
②葉が長く、広くうすくやわらかい。
③葉が長く、狭い。
④葉が短く、広く濃緑色。
⑤葉が短く、狭く淡緑色。

16 □□□

玄米の成長について、最も適切なものを選びなさい。

①長さ（縦方向）は開花後3日頃に決まる。
②幅は開花後1週間頃に決まる。
③厚みは開花後1週間頃に決まる。
④生体重は開花後15日頃に決まる。
⑤乾物重は生体重よりも遅くまで増加する。

17 □□□

イネの葉細胞に集積し、強固な構造を構成する成分として、最も適切なものを選びなさい。

①鉄
②マグネシウム
③ケイ素
④カルシウム
⑤アルミニウム

18 □□□

イネの追肥の効果が最も強く発現される形質として、適切なものを選びなさい。
①分げつ盛期の追肥は玄米千粒重を増大させる。
②幼穂分化期の追肥は１穂もみ数を増加させる。
③えい花の分化期の追肥は穂数を増加させる。
④減数分裂期直前の追肥は登熟歩合を増加させる。
⑤出穂直後の追肥はもみの大きさを増大させる。

19 □□□

イネの収量診断における原因説明として、最も適切なものを選びなさい。
①登熟歩合が80%以下で不受精もみが多いのは、幼穂発育期の不良環境、とくに減数分裂期や開花期の低温や高温が原因として考えられる。
②登熟歩合が80%以下でくず米が多いのは、刈り遅れが原因として考えられる。
③登熟歩合が85%以上あるのに収量が低いのは、幼穂分化期以後の栄養状態不良で、分化えい花数が多いことによる１穂もみ数が多かったことが原因として考えられる。
④登熟歩合が85%以上あるのに収量が低いのは、生育初期の窒素過多による１株穂数が少なかったことが原因として考えられる。
⑤登熟歩合が85%以上あるのに収量が低いのは、出穂前の肥料切れにより退化えい花数が少なくなり、１穂もみ数が多かったことが原因として考えられる。

20 □□□

イネの青立ち（出穂遅延等）について、最も適切なものを選びなさい。
①25℃程度の比較的高い水温の水口周辺部で出やすい。
②窒素肥料が少ない条件下で出やすい。
③マグネシウム欠乏症の症状として見られる。
④夜間照明で日長が長くなった場合に出やすい。
⑤高温、多日照の条件下で出やすい。

21 □□□

水田の一年生雑草として、正しいものを選びなさい。
①ヒルムシロ
②ミズカヤツリ
③コナギ
④ウリカワ
⑤イヌホタルイ

22 □□□

イネのいもち病の対策として、最も適切なものを選びなさい。
①いもち病が多発した水田では、いもち病に弱い品種の作付けは避ける。
②前年産の種子は発芽がよいので、選別する必要はない。
③種子は無病であるので消毒の必要はない。
④育苗中の施設ではワラなどで保温する。
⑤移植後は苗を水田の端に置いて補植に備える。

23 □□□

高温による玄米の品質低下の説明として、最も適切なものを選びなさい。
①高温による品質低下の発生率には品種間差はないので、新品種への切り替えは難しい。
②高温による品質低下対策には、もみ数を多くする管理が必要である。
③通常より刈り取り時期を遅くし、穀粒水分を下げる。
④通常より早く落水し、収穫作業が順調に行えるようにする。
⑤出穂から収穫の期間が高温の時期にならないように、移植時期を遅くする。

24 □□□

麦類の花序の組み合わせとして、最も適切なものを選びなさい。
①コムギ　—　複総状花序
②オオムギ　—　穂状花序
③ライムギ　—　複総状花序
④エンバク　—　穂状花序
⑤コムギ　—　雄性花序、雌性花序

25 □□□

麦類に関する説明として、最も適切なものを選びなさい。
①秋まき性程度はⅠ～Ⅶの７段階に分けられ、Ⅰは秋まき性程度が高い品種である。
②北海道を除き、国内におけるコムギの収穫期は９月上旬が多い。
③踏圧（麦踏み）は霜柱による根の浮き上がり防止や耐寒性の獲得、土壌水分の保持や倒伏軽減の効果がある。
④コムギはオオムギより倒伏しやすく、少肥条件や短稈（たんかん）で倒伏が助長される。
⑤オオムギはコムギより生育期間が長く、芒（ぼう）の光合成速度が小さい。

26 □□□

コムギに関する説明として、最も適切なものを選びなさい。

①一般に寒地ほど秋まき性程度の低いもの、暖地では高いものが栽培される。
②コムギは他の作物の作業機械を有効活用（共有）できない上に、労働時間が多い。
③コムギは酸性に強いので、ほ場の土壌酸度調整として資材を施用する必要がない。
④排水対策は必ず播種前に排水溝を掘って行い、播種後は行ってはならない。
⑤排水不良が生育を阻害するので、排水溝、排水路の整備が必要である。

27 □□□

コムギの地上部の各部位に写真のような赤褐色の小斑点ができる病害として、最も適切なものを選びなさい。

①コムギ条斑病
②コムギ眼紋病
③コムギ立枯病
④コムギ赤さび病
⑤コムギ赤かび病

28 □□□

製粉した麦類の加工利用の説明として、最も適切なものを選びなさい。

①普通系のコムギは、ビール醸造用の原料として利用されている。
②２条種のオオムギは、パンの加工に利用されている。
③エンバクは、醸造用原料や黒パンの加工に利用されている。
④ライムギは、オートミールなどの食用や飼料用として利用されている。
⑤２粒系のデュラムコムギは、スパゲッティやマカロニへの加工に利用されている。

29 □□□

トウモロコシに関する説明として、最も適切なものを選びなさい。

①雄穂を茎の先端部に形成して、花粉粒を飛散させる。
②受粉はミツバチなど昆虫による場合が多く、虫媒花と呼ばれる。
③異品種でも隣接したほ場で栽培したほうが、受精率が向上してよい。
④栽培品種には、F_1種子よりも固定種が一般的に利用されている。
⑤自家受粉が一般的で、他家受粉はしにくい。

30 □□□

次の穎果（えいか）の形状と胚乳形質をもつトウモロコシの種類として、最も適切なものを選びなさい。

「胚乳の大部分が硬質デンプンからなり、内部にはわずかに軟質デンプンがある。水分13～15%の完熟した穎果（えいか）を加熱すると爆裂する。」

①デント種
②フリント種
③スイート種
④ポップ種
⑤ワキシー種

31 □□□

トウモロコシ（スイートコーン）の収穫に関する説明として、最も適切なものを選びなさい。

①適期に収穫しなくても食味や品質が低下することはない。
②子実の水分含量が14～15%前後になったころに収穫する。
③絹糸の先端が緑色のうちに収穫しなければならない。
④収穫は絹糸が抽出してから20～25日で収穫期になる。
⑤収穫後、雌穂のほう葉はすべて取り除いたほうが、品質低下を防ぐ効果がある。

32 □□□

トウモロコシ（スイートコーン）の鳥獣被害対策について、最も適切なものを選びなさい。

①ハクビシンなどの獣害対策として、電機柵は効果がない。
②出芽期のハトなどの鳥害対策として、種子に忌避剤をぬりつける方法がある。
③カラス対策として、雄穂（雄花）を抽出前に切り取る。

④本葉10枚以上の苗の移植栽培は鳥害対策として効果が高い。
⑤透明ビニールの直がけは鳥害対策として効果が高い。

33 □□□

ダイズの生理・形態に関する説明として、最も適切なものを選びなさい。
①植物学的には裸子植物に属する。
②単子葉植物に分類される。
③種子は有胚乳種子に分類される。
④子葉以外の葉は、すべて３枚の小葉からなっている。
⑤花芽分化は短日条件で促進されるが、日長反応は品種によって異なる。

34 □□□

ダイズに関する説明として、最も適切なものを選びなさい。
①開花期に水不足を起こすと落花、落きょうが多くなる。
②発芽のための吸水量は大きいので、水中でも発芽する。
③水を多く必要とするので、根の過湿害は起こりにくい。
④摘心による増収効果が出やすいのは、生育期間の短い早生種の夏ダイズである。
⑤カメムシの茎葉への吸汁により、生育や収量に大きな影響がある。

35 □□□

写真はダイズの根の一部が粒状に肥大した様子である。原因となる細菌がダイズにもたらす影響として、最も適切なものを選びなさい。

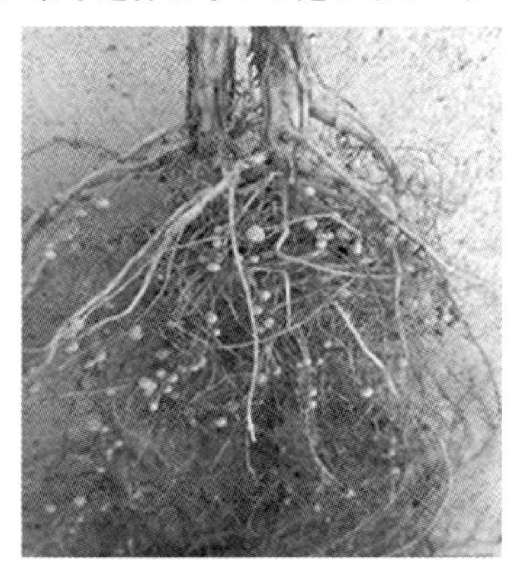

①根こぶの一種であり、病害である。
②空気中の酸素をダイズが取り込みやすくする。

③空気中の窒素を固定してダイズに供給する。
④土壌中のリン酸をダイズが吸収しやすくする。
⑤土壌中のカリを吸着させて、ダイズの根を健全に保つ。

36 □□□

加工食品に期待される食品用ダイズの形質の組み合わせとして、最も適切なものを選びなさい。

①豆腐　—　粗タンパク質含有率が高いダイズが適する。
②豆腐　—　高炭水化物で吸水率が高いダイズが適する。
③みそ　—　粗タンパク質含有率が低いダイズが適する。
④みそ　—　高炭水化物で吸水率が低いダイズが適する。
⑤納豆　—　粗タンパク質含有率が低いダイズが適する。

37 □□□

ジャガイモに関する説明として、最も適切なものを選びなさい。

①ジャガイモの原産地は中央アジアの高地であり、冷涼な気候を好む。
②ジャガイモは虫媒、他家受粉である。
③ジャガイモはストロンの先端部分が肥大して塊根になる。
④ジャガイモは被子植物、双子葉類、離弁花類、一年草である。
⑤ジャガイモは栄養繁殖しない。

38 □□□

ジャガイモに関する説明として、最も適切なものを選びなさい。

①いもの皮目が膨れて突起・肥大する皮目肥大は、土壌の乾燥により発生しやすい。
②肥料の三要素のうち、いもの肥大に最も影響する成分は窒素である。
③光合成速度は気温によって変わり、15℃で最大となり20℃以上では低下する。
④出芽数が多い場合に除茎すると、小さいいもが増える。
⑤収穫後２～４か月程度は休眠し、環境が整っても萌芽しない。

39 □□□

ジャガイモの種いもに関する説明として、最も適切なものを選びなさい。

①種いもは頂部と基部を分けた面で切断する。
②種いもの切断は植え付けの10日以上前に行い、切断面を乾燥させる。
③種いもの浴光催芽により、芽の生育が促進され、やや徒長する。
④通常は種いもの切断面を下に向けて植え付ける。
⑤種いもは大きいほど多収になる。

40 □□□

ジャガイモの土寄せの管理作業について、最も適切なものを選びなさい。
①茎葉を傷めるため、土寄せは行ってはいけない。
②塊茎が日に当たって緑化することを防止できる。
③畦間の土を株元に寄せるため、ほ場の排水性が悪くなる。
④中耕作業をともない、土が締まり、根腐れを起こしやすい。
⑤倒伏防止のため5回以上、毎回、成長点が埋まるように土をかける。

41 □□□

ジャガイモの収穫について、最も適切なものを選びなさい。
①植え付けからの積算温度が1,000℃程度頃が収穫の目安となる。
②収穫後のいもの洗浄作業を省くため、降雨時に収穫する。
③花が咲く品種は、開花始め頃に収穫する。
④種いもの下に塊茎ができるため、1m以上深く掘り取る。
⑤機械で収穫する場合、茎葉は取り除かない。

42 □□□

ジャガイモの収穫・貯蔵に関する説明として、最も適切なものを選びなさい。
①収穫直後のジャガイモはいもの表面をすみやかに乾燥させるため、日光によく当てる。
②ジャガイモ塊茎は、貯蔵中に糖とビタミンC含量が増加する。
③貯蔵中のジャガイモは、発芽すると青果用は商品価値が失われ、加工用やデンプン原料用は歩留まりの低下、品質劣化が起こる。
④ジャガイモの収穫適期は開花した後である。
⑤ジャガイモを低温貯蔵することによりデンプン含量は維持できる。

43 □□□

写真に示されたジャガイモの害虫として、最も適切なものを選びなさい。
①ナストビハムシ
②コナガ
③ワタアブラムシ
④ヨトウガ
⑤オンシツコナジラミ

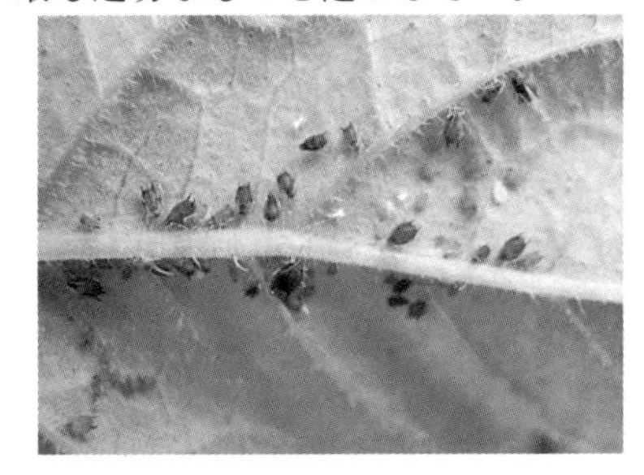

44 □□□

ジャガイモシロシストセンチュウの説明として、最も適切なものを選びなさい。
①日本での発生は確認されていない。
②輪作体系では被害が軽減できない。
③ジャガイモの抵抗性品種は、まだ育種されていない。
④ジャガイモシストセンチュウと同様に、一度侵入すると防除は困難である。
⑤農薬による防除は不可能である。

45 □□□

サツマイモの栽培に関する説明として、最も適切なものを選びなさい。
①サツマイモの生育適温は10～20℃である。
②サツマイモの太くてがっしりした苗は、いものそろいがよく、品質も高くなる。
③肥料が多いとつるぼけし、いもの肥大は悪く、デンプン含量も減って食味が劣る。
④サツマイモを腐敗させる基腐病は防除をしっかり行えば問題はない。
⑤サツマイモの傷口をコルク化するキュアリング後、9℃以下で貯蔵する。

46 □□□

サツマイモの栽培管理に関する説明として、最も適切なものを選びなさい。
①定植後は、かん水を控え、活着するまでは土壌を乾燥状態に保つ。
②茎葉が地面をおおった後も雑草が繁茂するので、除草は収穫期までこまめに行う。
③栄養成長する生育期間中は、つるには触らず、つる返しもしない方がよい。
④ネグサレセンチュウの防除には、地上部に有機リン系の殺虫剤を散布することが望ましい。
⑤元肥として、カリを多めに10a当たり10kg程度、窒素は6kg程度施す。

47 □□□

サツマイモのつる返しについて、最も適切なものを選びなさい。
①欠株したところを植え直す補植のこと。
②挿苗直後に風で苗が回されること。
③生育中に成長点を切って摘心を行い、側枝を伸ばして光合成を促進させること。
④生育中に、つるから出た根を切り、塊根の肥大を促進させること。
⑤収穫直前につるを刈り取ること。

48 □□□

イネ発酵粗飼料の名称として、最も適切なものを選びなさい。
①ホールクロップサイレージ
②ネリカ
③クリーニングクロップ
④カントリーエレベータ
⑤アルファー化米

49 □□□

自脱型コンバインの説明として、最も適切なものを選びなさい。
①中国で開発された自走式の乗用型で、稲株を2～6条刈り取る。
②脱粒しにくいジャポニカ米には向いているが、脱粒しやすいインディカ米には向いていない。
③自脱型コンバインでは収穫作業と同時に脱穀をすることができない。
④収穫された籾は、中身の充実ぐあいにかかわらずタンクに貯留される。
⑤収穫後のわらは刈り取られずに、ほ場にそのままの状態である。

50 □□□

農薬のRACコードの記述として、最も適切なものを選びなさい。
①有効成分による分類コードで、異なる系統の薬剤散布により、害虫の抵抗性や病原菌の耐性菌の発達を遅らせることができる。
②作用機構による分類コードで、作用機構が異なる薬剤散布により、害虫の抵抗性や病原菌の耐性菌の発達を遅らせることができる。
③製造メーカーによる分類コードである。
④対象病害虫の種類による分類コードである。
⑤農薬の剤型による分類コードで、国内の農薬登録において、製剤は形状と性能の違いにより粉剤、粒剤等の剤型に分類されている。

選択科目（野菜）

11 □□□

次の野菜種子のうち、ウリ科に分類される種子を選びなさい。

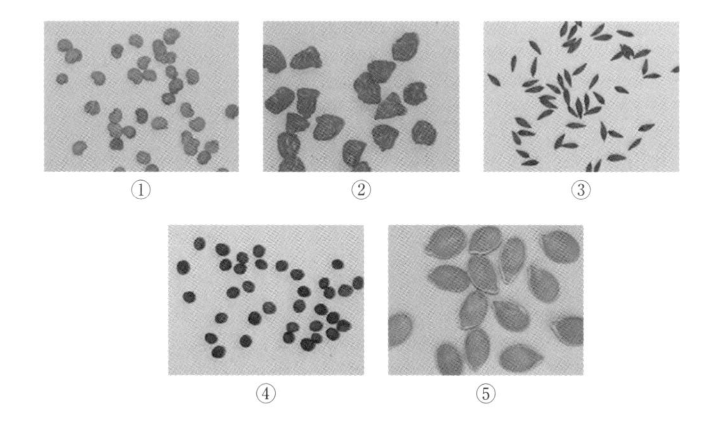

12 □□□

野菜の分類について、最も適切なものを選びなさい。

①トマトとシシトウガラシは、ともにナス科に分類される。
②ハクサイとレタスは、ともにアブラナ科に分類される。
③サツマイモとサトイモは、ともにヒルガオ科に分類される。
④ゴボウとニンジンは、ともにキク科に分類される。
⑤オクラとホウレンソウは、ともにアオイ科に分類される。

13 □□□

窒素成分の施肥量の判断に関係するものとして、最も適切なものを選びなさい。

①温度計
②硬度計
③テンシオメータ
④ pH メータ
⑤ EC メータ

14 □□□

次の生理生態反応を示すものとして、最も適切なものを選びなさい。

「花芽分化を起こすと、それまで根出葉型であったものが、急に茎の節間が伸長し、花茎が長くなる現象で、ホウレンソウ、キャベツ、レタスなどでみられる。」

①徒長
②わい化
③抽だい
④頂芽優勢
⑤抽根

15 □□□

次の説明に該当する接ぎ木法として、最も適切なものを選びなさい。

「台木を水平に切断し、その切断面から下方に切り込み、その割れ目にクサビ状に削った穂木をはめ込んで、クリップなどで固定する。ナスによく利用される接ぎ木方法である。」

①呼び接ぎ
②割り接ぎ
③片葉切断接ぎ
④さし接ぎ
⑤断根さし接ぎ

16 □□□

トマトの生理生態の説明として、最も適切なものを選びなさい。

①中日植物といわれており、花芽分化について特定の限界日長や限界温度はない。

②第１花房の着果節位は通常８～９節であり、低温条件下では着果節位は高くなり、高温条件下では低下する。

③30℃以上の高温になると花粉ねん性が低下して落花を起こす。

④豊富な日照量を必要とし、光飽和点は３万 lx 程度である。

⑤肥料吸収力は強く、とくにカリ肥料に対する反応が敏感である。

17 □□□

トマトの生育特性について、最も適切なものを選びなさい。

①主枝に本葉が14枚以上つくと花房が分化する。

②すべてのトマトは非心止まり型である。

③第１花房以降は３葉ごとに花房をつける。

④えき芽の着花習性は変わることがある。

⑤花房のつく位置は120°ごとに回転していく。

18 □□□

トマトの空洞果防止に利用される植物成長調整剤として、最も適切なものを選びなさい。

①オーキシン

②サイトカイニン

③アブシジン酸

④ジベレリン

⑤エチレン

19 □□□

写真のようにトマトの実に発生した「しり腐れ」について、最も適切なものを選びなさい。

①カルシウムの欠乏や吸収が不十分となる乾燥、窒素過多、地温上昇、根部腐敗などが原因で被害が発生する。
②カルシウム欠乏と窒素欠乏で発生することが多い。
③カルシウム過剰となる乾燥、地温上昇、根部腐敗などが原因で被害が発生する。
④カルシウム過剰で発生することが多く、とくに乾燥しやすい冬期での発生が多い。
⑤カルシウム過剰とリン酸欠乏で発生することが多い。

20 □□□

トマト黄化葉巻病を媒介する害虫として、最も適切なものを選びなさい。
①アブラムシ類
②タバココナジラミ
③オオタバコガ
④トマトハモグリバエ
⑤ヒラズハナアザミウマ

21 □□□

ナス苗の定植前の順化（ならし）の作業として、最も適切なものを選びなさい。
①植え付け1週間前から、昼夜の温度を徐々に上げる。
②植え付け1週間前から、昼夜の温度を徐々に下げる。
③植え付け1週間前から、昼夜の温度を一気に上げる。
④植え付け1週間前から、昼夜の温度を一気に下げる。
⑤植え付けの前日に、昼夜の温度を下げる。

22 □□□

ナスの接ぎ木の説明として、最も適切なものを選びなさい。

①ナスは主に収量増加のために、カボチャなどを台木として接ぎ木する。
②ナスは主に収量増加のために、ユウガオを台木として接ぎ木する。
③ナスは青枯病などの土壌病害予防のために、カボチャなどを台木として接ぎ木する。
④ナスは青枯病などの土壌病害予防のために、トルバムや赤ナスなどを台木として接ぎ木する。
⑤ナスは褐斑病の予防のために、トルバムや赤ナスなどを台木として接ぎ木する。

23 □□□

写真はアブラムシ等を捕食する土着天敵の卵である。卵が細長い柄の先につく特徴がある、この土着天敵の名称として、最も適切なものを選びなさい。

①ヒメハナカメムシ
②キイカブリダニ
③クサカゲロウ類
④テントウムシ類
⑤ヒラタアブ類

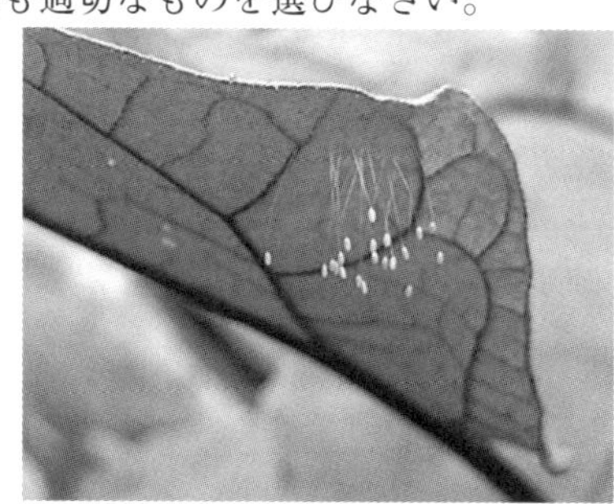

24 □□□

キュウリの原産地の説明として、最も適切なものを選びなさい。

①インドのヒマラヤ山麓地帯
②アフリカ
③西ヨーロッパの海岸地帯
④中東
⑤アンデス高原

キュウリの生育特性として、最も適切なものを選びなさい。

①深根性である。
②雌雄異株性である。
③根の酸素要求量が小さい。
④単為結果性が強い。
⑤播種から収穫開始までの日数が、同じ作型ではトマトやナスよりも長い。

26 □□□

キュウリの接ぎ木の説明として、最も適切なものを選びなさい。

①台木としてカボチャを用いるが、台木用カボチャの品種を選ぶことで、つる割れ病の耐病とブルーム抑制の効果が期待できる。
②台木としてカボチャを用いるが、つる割れ病の耐病とブルーム抑制の効果は期待できない。
③台木としてカボチャを用いるが、空気中を浮遊する病原菌で感染するつる割れ病の耐病効果は期待できない。
④台木としてユウガオの台木を用いることで、つる割れ病の耐病効果が期待できる。
⑤台木としてカボチャを用いるが、台木用カボチャの品種を選んでもブルーム抑制の効果は期待できない。

27 □□□

写真のような円弧状の食痕と不規則な食害痕を残すキュウリの害虫として、最も適切なものを選びなさい。

28 □□□

スイカの栽培期間中、下位葉に写真に示す要素欠乏症が発生した。この原因として、最も適切なものを選びなさい。

①窒素欠乏
②カルシウム欠乏
③カリウム欠乏
④マグネシウム欠乏
⑤ホウ素欠乏

29 □□□

大玉スイカの整枝本数と収穫果数に関する説明として、最も適切なものを選びなさい。

①子づるを４本に整枝したときは、大玉では収穫果数を４果とする。
②子づるを４本に整枝したときは、大玉では収穫果数を３果とする。
③子づるを４本に整枝したときは、大玉では収穫果数を２果とする。
④子づるを４本に整枝したときは、大玉では収穫果数を１果とする。
⑤子づるを３本に整枝したときは、大玉では収穫果数を２果とする。

30 □□□

写真はイチゴの葉に発生した炭そ病である。この病害の説明として、最も適切なものを選びなさい。

①症状は葉だけにあらわれる。
②萎ちょう枯死することはない。
③肥料不足で、葉色が淡く小ぶりな苗に発生が多い。
④６月下旬～９月下旬の高温多湿時期に発生しやすい。
⑤発生程度に品種間差はみられない。

31 □□□

スイートコーンに関する説明として、最も適切なものを選びなさい。

①間引きは、株元をはさみで切るよりも、手で引き抜いたほうがよい。
②根の吸肥力は強く、土に蓄積された過剰な養分を吸収する。
③生育状況がよいと、分げつ（側枝）はまったく発生しない。
④種子の頂部はくぼんで馬歯状をしている。
⑤ポップコーンを隣り合わせに栽培しても、子実（種子）に影響はない。

32 □□□

スイートコーンに関する説明として、最も適切なものを選びなさい。
①バイカラーコーンの粒の黄色と白色の割合は４対１である。
②雌穂が抽出してから追肥を行うとよい。
③コガネムシ類の成虫が葉裏に卵を産みつけて幼虫となり、雄穂・雌穂を加害する。
④種子は発芽力が高く、直まきは１粒まきでよい。
⑤気温が低い早朝に収穫して、その後に予冷して出荷するとよい。

33 □□□

ハクサイの栽培管理として、最も適切なものを選びなさい。
①定植は本葉８～12枚で行う。
②過湿に強いので、かん水はこまめに行う。
③生育の適温は25～30℃である。
④酸性土では根こぶ病が発生しやすい。
⑤追肥が早くなると、球の肥大・充実が遅れる。

34 □□□

レタスの栽培に関する説明として、最も適切なものを選びなさい。
①発芽適温は15～20℃と野菜の中では低く、高温によって休眠し発芽が悪くなる。
②播種時は、種子の２～３倍程度しっかりと覆土して暗黒条件を保つ。
③過湿よりも乾燥に弱いので、水田裏作であっても高うねにはしない。
④冷涼な気候を好み、低温にも極めて強く、結球後も霜や凍害の影響を受けることはない。
⑤結球レタスと非結球レタスとで農薬の登録に区別はなく、同じ農薬が使用できる。

35 □□□

ホウレンソウの栽培に関する説明として、最も適切なものを選びなさい。
①西洋種は葉先がとがり、抽台しやすいため、秋・冬栽培に利用される。
②土壌の適応性が広く、酸性と過湿の土壌を好む。
③気温が高く、日長も長くなるので、夏どり栽培が基本作型である。
④種皮がやわらかく吸水しやすいので、発芽がそろいやすい。
⑤カロテンと鉄を多く含み、冬どり栽培は春・夏栽培にくらべて栄養価が高い。

36 □□□

写真の根深ねぎについて、品質向上に重要な今後の栽培管理として、最も適切なものを選びなさい。

①植物ホルモンの処理
②マルチング
③土壌消毒
④間引き
⑤土寄せ

37 □□□

タマネギの肥大開始に影響を与える環境要因の説明として、最も適切なものを選びなさい。

①短日条件と気温が高くなることで、肥大が開始される。
②短日条件と気温が低くなることで、肥大が開始される。
③長日条件と気温が高くなることで、肥大が開始される。
④長日条件と気温が低くなることで、肥大が開始される。
⑤日長や気温はタマネギの肥大開始に影響しない。

38 □□□

ダイコンに関する説明として、最も適切なものを選びなさい。

①酸性土には比較的弱い。
②種まき後20～30日頃に直根の初生皮層がはがれて肥大が始まる。
③間引きの際は、子葉の形が不整形なものを残す。
④同一個体の花内で受粉する自家受粉植物である。
⑤種まき前にあまり深く耕さなくてもよい。

39 □□□

ダイコンの花芽分化・開花に関する説明として、最も適切なものを選びなさい。

①吸水した種子から大きくなった植物体まで、低温に感応して花芽分化する。
②高温・長日により花芽分化する。
③平均気温20℃以下の低温が続くと花芽分化する。
④植物体が一定の大きさになってから低温に感応して花芽分化する。
⑤いったん花芽が分化すると、日中の高温が続いても花芽分化を抑えることができない。

40 □□□

ニンジンの種子と発芽に関する説明として、最も適切なものを選びなさい。

①採種2年後の種子でも発芽率はほぼ維持される。
②春まき栽培では、地温が10℃以下でもよく発芽する。
③暗発芽（嫌光性）種子のため、覆土は厚くする。
④夏の35℃以上でもよく発芽する。
⑤夏まき栽培では、発芽するまで乾燥させないほうがよい。

41 □□□

写真のウリ科（ニガウリ）の花に、矢印で示したような褐色で細い体型の害虫が認められた。この害虫の診断として、最も適切なものを選びなさい。

①アブラムシ類
②コナジラミ類
③アザミウマ類
④ハダニ類
⑤ハムシ類

42 □□□

次の説明に該当する植物ホルモンとして、最も適切なものを選びなさい。

「一般的には成長促進剤として機能し、細胞の伸長と細胞分裂のほか、種子の休眠打破、発芽促進を促す。果実栽培では、トマトの空洞果防止、イチゴのランナー発生促進などに用いられている。」

①オーキシン
②サイトカイニン
③エチレン
④ジベレリン
⑤カロテノイド

43 □□□

「5－15－20」の成分表示がある化学肥料を用いて、窒素成分を10a当たり3kgを施肥する場合、20aにはこの化学肥料を何kg施用したらよいか、正しいものを選びなさい。

①30kg
②60kg
③100kg
④120kg
⑤150kg

44 □□□

次の加工種子として、最も適切なものを選びなさい。

「水や塩類溶液に浸漬し、種子の代謝機能を高めて、発芽促進した状態を保持した種子」

①ペレット種子
②フィルムコート種子
③プライミング種子
④ネーキッド種子
⑤クリーンシード種子

45 □□□

農林水産省が定める野菜価格安定制度の指定14品目に含まれる野菜の組み合わせとして、最も適切なものを選びなさい。

①キャベツ、ダイコン、ハクサイ
②キュウリ、スイカ、メロン
③トマト、ナス、パプリカ
④ネギ、タマネギ、ニラ
⑤レタス、シュンギク、ゴボウ

46 □□□

野菜の品質保持に好適な温度と湿度の組み合わせとして、最も適切なものを選びなさい。

		好適な温度		好適な湿度
①ナス	・・・	0～2℃	—	95%
②ホウレンソウ	・・・	0～2℃	—	95%以上
③タマネギ	・・・	5～10℃	—	95%以上
④キャベツ	・・・	8～10℃	—	95%以上
⑤キュウリ	・・・	10～12℃	—	65～70%

47 □□□

ハウスの遮光資材の説明として、最も適切なものを選びなさい。

①遮光資材は、ハウスの内側・外側の設置位置により、ハウス内の温度を下げる効果に差はない。
②遮光資材をハウス外側よりもハウス内側に設置するほうが、ハウス内の温度を下げる効果が高いので、通常は内側に設置する。
③遮光資材をハウス外側に設置するほうが、ハウス内の温度を下げる効果が高いが、耐久性に劣るために内側に設置される場合が多い。
④ハウス内に設置した遮光資材は、保温資材として使用できない。
⑤遮光資材には透明の農ビ（農業用塩化ビニル）フィルムが用いられる場合が多い。

48 □□□

ハウス内の空気中に、あとどれくらいの水分を含むことができるかを示す飽差の説明として、最も適切なものを選びなさい。

①作物からの蒸散は、飽差の影響を受けない。
②飽差が大きいと作物からの蒸散が増加する。
③飽差が大きいと作物からの蒸散が減少する。
④飽差が大きいと、一般的には作物の病害の発生が増加する。
⑤気孔の開閉は飽差の影響を受けない。

49 □□□

写真のように養液栽培の原液タンクは通常2つある。その説明として、最も適切なものを選びなさい。

①マグネシウムイオンと硝酸イオンを高濃度で混合すると、硝酸マグネシウムで沈殿してしまうから。
②カルシウムイオンと硝酸イオンを高濃度で混合すると、硝酸カルシウムで沈殿してしまうから。
③カリウムイオンと硫酸イオンを高濃度で混合すると、硫酸カリウムで沈殿してしまうから。
④硝酸カリウムと硫酸イオンを高濃度で混合すると、爆発をしてしまうから。
⑤カルシウムイオンと硫酸イオンを高濃度で混合すると、硫酸カルシウムで沈殿してしまうから。

50 □□□

ヒートポンプの特徴として、最も適切なものを選びなさい。

①暖房管理温度が低く、燃油消費量の少ない品目・作型で導入される。
②暖房・冷房機能を有するが、除湿機能はない。
③熱源に関しては水熱源・地中熱源の２種類があるが、一般的には水熱源が多い。
④燃油暖房機にくらべて、二酸化炭素排出量を削減できる。
⑤運転に必要な電気の確保が課題となっている。

選択科目（花き）

11 □□□

短日植物として、最も適切なものを選びなさい。
①ペチュニア
②カーネーション
③ポインセチア
④シクラメン
⑤バラ

12 □□□

直根性の花きとして、最も適切なものを選びなさい。
①ヒマワリ
②ルピナス
③コスモス
④アサガオ
⑤マリーゴールド

13 □□□

耐寒性一年草の組み合わせとして、最も適切なものを選びなさい。
①マリーゴールド — サルビア
②ケイトウ — ヒマワリ
③パンジー — ハボタン
④ベゴニア — ジニア
⑤コリウス — コスモス

14 □□□

園芸的分類における二年草として、最も適切なものを選びなさい。

①コリウス
②フリージア
③パンジー
④ハボタン
⑤ジギタリス

15 □□□

写真のアルストロメリアの園芸的分類として、最も適切なものを選びなさい。

①一年草
②二年草
③球根類
④ラン類
⑤多肉植物

16 □□□

写真の花きの園芸的分類として、最も適切なものを選びなさい。

①球根類
②宿根草
③一年草
④二年草
⑤花木類

17 □□□

写真の花きの名称として、最も適切なものを選びなさい。

①バラ
②アネモネ
③コスモス
④ガーベラ
⑤キキョウ

18 □□□

キクに関する説明として、最も適切なものを選びなさい。

①夏ギクの開花は温度の影響を受けない。
②夏秋ギクの花芽分化は日長の影響を受けない。
③夏秋ギクは長日条件で花芽分化する。
④秋ギクの開花は温度の影響を受けない。
⑤寒ギクの花芽の分化・発達は高温で抑制される。

19 □□□

カーネーションについて、最も適切なものを選びなさい。

①園芸品種は四季咲きに改良されている。
②スタンダードタイプが主流で、スプレータイプは減少している。
③がく割れは栽培温度が高いときに発生しやすい。
④園芸栽培では種子繁殖で増殖する。
⑤切り花の国内生産量は増加しており、輸入を上回る生産量がある。

20 □□□

写真の花きの説明として、最も適切なものを選びなさい。

①相対的（量的）長日植物であり、長日条件で花芽形成が促進される。
②園芸的分類では秋まき一年草である。
③耐寒性があり、冬（1～2月頃）の花壇にも利用される。
④嫌光性種子のため、播種後に覆土をしないと発芽率が低くなる。
⑤花色は赤・桃・白に限られる。

21 □□□

写真の花きの説明として、最も適切なものを選びなさい。

①春まき一年草で、春夏花壇の材料として重要である。
②葉の形は、丸葉系やちりめん系などがある。
③切り花としての需要が大半である。
④ユリ科の花きである。
⑤25℃以上の高温に感応して花芽分化する。

22 □□□

写真の花きの性質として、最も適切なものを選びなさい。

①おもに秋から冬の花壇に利用される。
②おもに夏の花壇に利用される。
③冬季の低温に強い。
④開花後花がらが残り美観をそこねる。
⑤花壇で開花する期間が1週間程度と短い。

23 □□□

ラナンキュラスの球根として、最も適切なものを選びなさい

24 □□□

写真の花きの名称として、最も適切なものを選びなさい。

①ケイトウ
②ペチュニア
③サルビア
④コリウス
⑤ジニア

25 □□□

写真のエラチオールベゴニアの園芸栽培における繁殖法として、最も適切なものを選びなさい。

①種子繁殖法
②株分け繁殖法
③組織培養法
④取り木繁殖法
⑤さし木繁殖法

26 □□□

接ぎ木の特徴として、最も適切なものを選びなさい。
①さし木苗よりも、開花までに要する時間が長くなる。
②古くなった植物体を若返らせることはできない。
③さし木が困難な植物は、接ぎ木も困難である。
④遺伝的に同一の個体を得られる。
⑤遺伝的に変異した個体を得られる。

27 □□□

花きのさし木（さし芽）の際に注意する点として、最も適切なものを選びなさい。

①さし木の用土は肥料分に富んだものを使用する。
②さし穂はできるだけ葉の枚数を多く残す。
③さした後は10℃以下の低温下に置く。
④発根するまでは十分に日光に当てる。
⑤さし穂の切り口は鋭い刃物でつぶさないように切る。

28 □□□

シンビジウムのウイルスフリー苗を作出する方法として、最も適切なものを選びなさい。

①株分け繁殖法
②メリクロン繁殖法
③葉ざし繁殖法
④実生繁殖法
⑤バックバルブ吹き

29 □□□

ラン類の無菌発芽法の簡易培地組成について、表の（　　）にあてはまる pH の値として、最も適切なものを選びなさい。

薬品	分量（g/L）
園芸肥料	3
ショ糖	20
寒天	10
pH	（　　）

①1.0
②7.0
③5.0
④3.0
⑤9.0

30 □□□

品種改良において、変異を拡大させる方法として、最も適切なものを選びなさい。

①選抜
②固定
③増殖
④収集
⑤交雑

31 □□□

次の花きのうち、酸性の用土でよく生育するものとして、最も適切なものを選びなさい。

①ツツジ
②シクラメン
③キク
④カーネーション
⑤バラ

32 □□□

次の写真のうち、パーライトとして、正しいものを選びなさい。

33 □□□

害虫防除のためにA乳剤の2,000倍液を100L作成する場合に、最も適切なものを選びなさい。

① A乳剤20mlを希釈して100Lにする。
② A乳剤40mlを希釈して100Lにする。
③ A乳剤50mlを希釈して100Lにする。
④ A乳剤100mlを希釈して100Lにする。
⑤ A乳剤200mlを希釈して100Lにする。

34 □□□

次の用語の説明として、最も適切なものを選びなさい。

① DIFとは、温度管理によって草丈を調節する技術のことである。
② pHとは、電気伝導度のことで土壌中にあるいろいろなイオンの総量をあらわす。
③ STSとは、エチレンの作用を促進する薬剤の一つである。
④ pFとは、空気中の湿度をあらわす単位である。
⑤ ECとは、溶液などの酸性・アルカリ性を示す尺度のことである。

35 □□□

わい化剤が植物成長における草丈の伸長を阻害する植物ホルモンとして、最も適切なものを選びなさい。

①オーキシン
②ジベレリン
③エチレン
④アブシジン酸
⑤サイトカイン

36 □□□

トルコギキョウのロゼット化の原因として、最も適切なものを選びなさい。

①本葉4枚となるまでの幼苗期の夜間の低温
②本葉4枚となるまでの幼苗期の夜間の高温
③本葉4枚となるまでの幼苗期の日中の低温
④本葉4枚となるまでの幼苗期の日中の高温
⑤本葉4枚となるまでの幼苗期の日照不足

37 □□□

シクラメンの葉組みの目的として、最も適切なものを選びなさい。

①害虫を発見しやすくして被害を軽減する。
②葉の病気を防ぐ。
③葉を広げることで株全体を大きく見せる。
④中心部に光を入れて葉の枚数を増やすとともに花芽の成長を促す。
⑤黄葉や枯れ葉が見えないように整える。

38 □□□

花きを食害する昆虫として、最も適切なものを選びなさい。

①ヨトウムシ類
②コナジラミ類
③アブラムシ類
④ハダニ類
⑤ヨコバイ類

39 □□□

写真のカーネーションの花弁にみられる白い被害痕は、害虫によるものである。被害を与えた害虫として、最も適切なものを選びなさい。

①ナメクジ類
②ハダニ類
③ヨトウムシ類
④スリップス（アザミウマ類）
⑤アブラムシ類

40 □□□

写真のキクの葉の被害の病名として、最も適切なものを選びなさい。

①うどんこ病
②黒さび病
③灰色かび病
④べと病
⑤白さび病

41 □□□

細菌を病原体とするシクラメンの病気として、最も適切なものを選びなさい。

①さび病
②いちょう病
③立ち枯れ病
④軟腐病
⑤べと病

42 □□□

写真はバラの被害葉である。この被害を防除する方法として、最も適切なものを選びなさい。

①殺菌剤を散布する。
②殺虫剤を散布する。
③殺ダニ剤を散布する。
④わい化剤による処理を行う。
⑤ホルモン剤を散布する。

43 □□□

シクラメンの葉腐れ細菌病の防除法として、最も適切なものを選びなさい。
①暖房と換気をして湿度を下げる。
②枯れた葉や花を除去する。
③殺虫剤を散布する。
④風通しをよくする。
⑤消毒した種子や鉢、用土を使用する。

44 □□□

ベゴニアやハイビスカスなどの花きを輸送中に高温・暗黒の状態が続くと落花や落蕾(らくらい)などが起こる。この原因となる物質として、最も適切なものを選びなさい。
①ジベレリン
②エチレン
③カーバイド
④オーキシン
⑤サイトカイニン

45 □□□

わが国で栽培されている切り花のうち、令和３年産の産出額が多い組み合わせとして、最も適切なものを選びなさい。
①キク、カーネーション、トルコギキョウ
②バラ、カーネーション、ユリ
③カーネーション、ユリ、トルコギキョウ
④キク、ユリ、バラ
⑤バラ、ユリ、トルコギキョウ

46 □□□

表は花きの都道府県別産出額(令和2年)を示したものである。第1位の(　　)にあてはまる県名を選びなさい。

順位	県名	産出額
1	(　　)	527億円
2	千葉	201億円
3	福岡	198億円
4	埼玉	157億円
5	静岡	153億円

①長野
②愛知
③神奈川
④新潟
⑤沖縄

47 □□□

写真のヒマワリのように本来持っている性質よりも草丈が低いまま成熟する（開花する）性質のものは何と呼ばれるか、最も適切なものを選びなさい。

①短日性
②わい性
③高性
④長日性
⑤晩生

48 □□□

組織培養に用いるオートクレーブの用途として、最も適切なものを選びなさい。

①無菌室の環境管理
②培養物の育成
③培地の作成
④試薬の重さの測定
⑤培地や器具の滅菌

49 □□□

写真の施設内に施された配管の装置として、最も適切なものを選びなさい

①温風暖房装置
②温水（湯）暖房装置
③ヒートポンプ
④電熱暖房装置
⑤かん水装置

50 □□□

花壇苗の生産に用いられる3.5号のポリポットの直径（上径）として、最も適切なものを選びなさい。

①6.0cm
②7.5cm
③9.0cm
④10.5cm
⑤12.0cm

選択科目（果樹）

11 □□□

次の用語と説明および果樹の種類の組み合わせとして、最も適切なものを選びなさい。

	用語	説明	果樹の種類
①	自家不和合性	同一品種内の交配では結実しない。	リンゴ、ナシ、オウトウ
②	自家不和合性	同一品種内の交配では結実しない。	カキ、モモ、キウイフルーツ
③	雌雄異株	同一樹木に雌花と雄花が別々にある。	キウイフルーツ、ギンナン
④	雌雄異株	雌の樹木と雄の樹木が別々にある。	クリ、カキ
⑤	自家受粉	同一品種の花粉で受精して結実するが種子はできない。	リンゴ、ナシ、オウトウ

12 □□□

果樹と品種の組み合わせとして、最も適切なものを選びなさい。

①ブドウ　—　ピオーネ、ヒュウガナツ、ジョナゴールド
②スモモ　—　ソルダム、ラ・フランス、太秋
③リンゴ　—　富有、ふじ、新高(にいたか)
④カンキツ類　—　つがる、不知火(しらぬい)、高砂
⑤モモ　—　あかつき、川中島白桃、日川白鳳

13 □□□

単為結果に関する説明として、最も適切なものを選びなさい。

①リンゴ、ナシでは、同一品種の花粉で受精できずに結実しないこと
②ブドウ、モモでは、同一品種の花粉で受精して結実すること
③リンゴ、ナシ、オウトウなどの一部の品種では、同じ品種の花粉でも結実すること
④ナシ、オウトウでは、花が完全であっても、ある特定の品種間の受粉では結実しないこと
⑤ウンシュウミカン、カキの「平核無」などでは、受精が行われなくても結実すること

14 □□□

果樹の生育状態は、樹体内の炭素と窒素のバランスにより左右される。窒素の割合が高い場合の状態として、最も適切なものを選びなさい。

①生殖成長が盛んとなり、開花・結実がよくなる。
②果実の着色が悪く、糖度も低くなる。
③葉の新梢の生育が悪くなる。
④果実の着色がよく、糖度が高くなる。
⑤花芽の着生がよくなる。

15 □□□

果樹の生育期における環境要因とその影響の組み合わせとして、最も適切なものを選びなさい。

	環境要因		影響
①	日照不足	—	根腐れ
②	多雨による過湿	—	果実の日焼け
③	少雨による乾燥	—	果実肥大の悪化
④	土壌の排水不良	—	果実糖度の向上
⑤	高温	—	果実の着色向上

16 □□□

マグネシウムが含まれている石灰として、最も適切なものを選びなさい。

①消石灰
②生石灰
③石灰窒素
④苦土石灰
⑤過リン酸石灰

第2回 2023年度

17 □□□

果樹の病害虫防除における生物的防除法として、最も適切なものを選びなさい。

①天敵の利用
②果実の袋掛け
③バンド誘殺
④防虫ネットの利用
⑤病害抵抗性台木の利用

18 □□□

写真はオウトウの摘果前と摘果後の状態である。摘果の効果として、最も適切なものを選びなさい。

摘果前

摘果後

①果実の耐病性を促し、病害を軽減する効果がある。
②果実の肥大を促し、裂果などの生理障害の発生を抑制する効果がある。
③果実の耐水性を促し、裂果の発生を抑制する効果がある。
④果実の耐暑性を促し、高温障害の発生を抑制する効果がある。
⑤果実の肥大・着色を促し、樹勢を維持する効果がある。

19 □□□

落葉果樹では種子をまいて苗をつくらないが、その理由として、最も適切なものを選びなさい。

①親より劣る果実ができるため。
②ほとんど発芽しないため。
③根の伸びが悪くなるため。
④結実率が悪くなるため。
⑤病気に弱くなるため。

20 □□□

果樹の作業の説明として、最も適切なものを選びなさい。

①人工受粉　・・・ 訪花昆虫による受粉のこと
②深耕　　　・・・ 土壌表面をロータリーなどで耕すこと
③礼肥　　　・・・ １年間、効果のある肥料を施すこと
④暗きょ排水・・・ U 字溝など、見える溝で排水すること
⑤高接ぎ　　・・・ 改植せずに、樹に他品種の穂木を接ぎ、短期間に品種更新すること

21 □□□

図で示した果樹の花器の断面のように、子房上位の構造により真果に分類される果樹として、最も適切なものを選びなさい。

①リンゴ
②ナシ
③クリ
④ブルーベリー
⑤カンキツ類

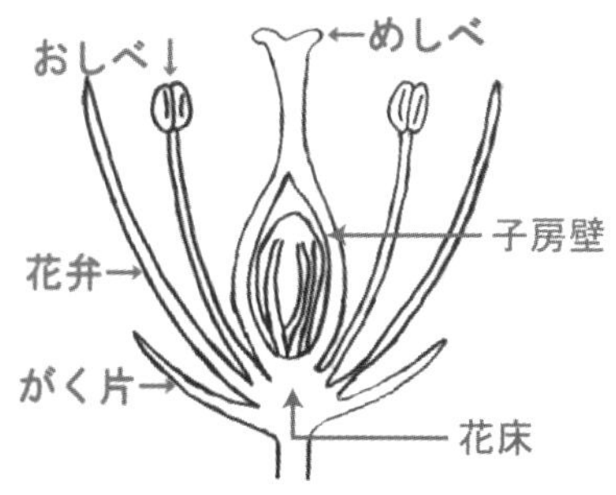

22 □□□

最近、正常に開花しない未開花症の発生が大きな問題となっているブドウの品種として、最も適切なものを選びなさい。

①巨峰
②ピオーネ
③デラウェア
④シャインマスカット
⑤マスカットベーリー A

23 □□□

果樹の接ぎ木の説明として、最も適切なものを選びなさい。
①落葉果樹の穂木は、実生繁殖によって養成する。
②リンゴ台木のマルバカイドウは接ぎ木で養成をする。
③同じ品種や系統の個体を増やしたり、短期間で品種を更新する目的で接ぎ木をする。
④接ぎ木は実生による繁殖法で、すべての樹種で利用可能である。
⑤母樹から穂木を取り、接ぎ木をすることで新品種を育成する。

24 □□□

樹勢が旺盛で果実の成りが少なく、強い隔年結果がみられるウンシュウミカンの木に対する栽培管理法として、最も適切なものを選びなさい。
①肥料、とくに窒素肥料を多く施用する。
②せん定では間引きせん定を主体に行う。
③せん定では切り返しせん定を主体に行う。
④横に寝ている枝を縦に誘引する。
⑤隔年結果は改善できないので、木を切って改植する。

25 □□□

果樹の芽と枝の説明として、最も適切なものを選びなさい。
①発育枝を出す枝が結果母枝であり、簡単に母枝または種枝ともいう。
②新しく伸び出した今年の枝が副梢で、昨年に伸びた枝を新梢という。
③主に花芽をつける枝を発育枝といい、その中でとくに旺盛な成長を示すものを徒長枝という。
④主に葉芽をつける枝を結果枝といい、枝の長さによって長果枝・中果枝・短果枝に分類される。
⑤目には見えないが、温度条件や施肥、また、頂芽や側芽（えき芽）が枯死すると、発芽して伸長してくる芽を陰芽（潜芽）という。

26 □□□

切り返しせん定の目的として、最も適切なものを選びなさい。
①先端部を強く伸ばして、樹形の骨格枝をつくる。
②込み合った枝や重なり合った枝を取り除く。
③枝の分岐部から切り取る。
④多くの花芽を着生させる。
⑤樹勢を落ち着かせる。

27 □□□

植物成長調整剤と使用目的・効果の組み合わせとして、最も適切なものを選びなさい。

植物成長調整剤		使用目的・効果
①エテホン	―	摘果
②１－MCP	―	追熟促進
③エチクロゼート	―	追熟
④ジクロルプロップ	―	収穫前落果防止
⑤ホルクロルフェニュロン	―	収穫果実の鮮度保持

28 □□□

ブドウの開花前に実施する摘心の目的・効果として、最も適切なものを選びなさい。

①新梢の伸長を一時的に停止させ、花穂の充実・結実率の向上が目的
②新梢の伸長を完全に停止させることと、花穂の充実・結実率の向上が目的
③葉数を確保するために、わき芽（副梢）を発生させることが目的
④棚面を明るくするために、新梢の生育を抑えることが目的
⑤摘粒を簡単にするために、結実率を下げることが目的

29 □□□

ブドウ大粒種の無核栽培の摘粒について、最も適切なものを選びなさい。

①果粒が肥大して、ほかの果粒と接触するようになる頃が摘粒適期である。
②ジベレリン処理果房の摘粒は、結実が安定した２回目のジベレリン処理以降のほうがよい。
③ジベレリンの１回目処理後から２回目処理の間に摘粒を実施したほうが、より大粒になりやすい。
④摘粒は開花（ジベレリンの１回目処理）前に実施したほうが効率的である。
⑤ジベレリン処理果房は、花ぶるい現象により適度な粒数となるため、摘粒は実施しなくてもよい。

30 □□□

ブドウの「シャインマスカット」を、より大粒、高い無核率にするために使用するジベレリン以外の薬剤として、最も適切なものを選びなさい。

①ホルクロルフェニュロン、ストレプトマイシン
②ホルクロルフェニュロン、エテホン
③ホルクロルフェニュロン、MCPB
④ストレプトマイシン、エテホン
⑤ストレプトマイシン、MCPB

31 □□□

ブドウの「デラウェア」の無核化のためのジベレリン処理濃度、処理時期について、最も適切なものを選びなさい。

	濃度	1回目処理	2回目処理
①	12.5ppm	満開予定の14日前	1回目処理の10〜15日後
②	25ppm	満開予定の14日前	満開の10日後
③	25ppm	満開時〜満開の3日後	1回目処理の10〜15日後
④	100ppm	満開予定の14日前	満開の10日後
⑤	100ppm	満開時〜満開の3日後	1回目処理の10〜15日後

32 □□□

モモの若木等で春から夏に生育する新梢管理について、最も適切なものを選びなさい。

①若木は樹勢が落ち着いているので、数年間は新梢の管理がほとんど不要である。
②太い枝の上面から発生している枝は、生育が旺盛で花芽も多くできるので、そのままにしておく。
③徒長的な枝は害があるので、夏季せん定ですべて切り取る。
④枝葉は多いほど光合成量が多いため、誘引、捻枝、切除はいっさい行わず、放置する。
⑤徒長的な生育になりそうな新梢は、枝がやわらかいうちに、ねじ曲げたり、折り曲げたりすると、花芽のついた枝になりやすい。

33 □□□

春先にウンシュウミカンの新梢先端の蕾(つぼみ)や花、果実を取る作業の名称として、最も適切なものを選びなさい。

①摘心
②直花摘蕾(てきらい)
③有葉花摘蕾(てきらい)
④芽かき
⑤摘粒

34 □□□

モモの収穫方法の説明として、最も適切なものを選びなさい。

①樹全体の果実の着色が進んでから、いっきょに収穫する。
②果実表面の緑色の地色が抜けた着色の状態と手触りで判断して収穫する。
③日持ち向上のため、果実温・外気温ともに高くなった日中に収穫する。
④鮮度を保つため、果面の地色は緑色の状態で収穫する。
⑤かたいモモが好まれるため、未熟なうちに早めに収穫し、その後に追熟する。

35 □□□

写真のモモの樹の枝上にみられた現象の対処として、最も適切なものを選びなさい。

①春の発芽前にアブラムシなどに効果のある殺虫剤を散布して対処する。
②マシン（機械）油乳剤を休眠期に散布して、この害虫を窒息死させる必要がある。
③付着したものは害虫であるが、こすって取り除くことは絶対にできない。
④モモ樹の栽培において害はなく、薬剤散布の必要はない。
⑤モモ樹に発生した病気であり、殺菌剤を散布して対処する。

第2023年度2回

36 □□□

ニホンナシの株元に白紋羽病がみられた樹に対する写真の処理の説明として、最も適切なものを選びなさい。

①50℃の温水を用いて土壌表面上に点滴処理を行い、菌を死滅させている。
②石灰硫黄合剤の点滴処理を土壌表面上に施して、菌密度を低下させている。
③マシン（機械）油乳剤を土壌の深さ10～30cmの位置にかん注処理を行い、菌密度を低下させている。
④90℃以上の熱湯を土壌の深さ10～30cmの位置にかん注処理を行い、菌を死滅させている。
⑤20℃の水を用いて土壌表面上に点滴処理を行い、菌を洗い流している。

37 □□□

ブドウのねむり病に関する説明として、最も適切なものを選びなさい。
①開花後２週間程の間に激しい落果をする。
②発芽の遅れや不ぞろいとなる現象で、重症の場合は芽や結果母枝が枯死する。
③成熟期に果皮に割れ目が入る症状である。
④硬核期頃に発生する果肉組織の崩壊をいう。
⑤葉が小さく奇形となり、果房は「えび症」と呼ばれる結実不良が発生する。

38 □□□

リンゴ樹の太枝部の樹皮に写真の病斑が発生した。病原菌は周年存在し、春先の場合は赤褐色で湿気を帯びて弾力性があり、アルコール臭を発生する。この病名として、最も適切なものを選びなさい。

①白紋羽病
②樹脂病
③腐らん病
④そうか病
⑤胴枯病

39 □□□

写真は近年問題となったリンゴの病気で、果実のほかに葉や新梢にも発生する。この病名として、最も適切なものを選びなさい。

①すす点病
②炭そ病
③輪紋病
④黒星病
⑤モニリア病

40 □□□

落葉果樹の休眠の説明として、最も適切なものを選びなさい。

①春先の低温によって、花芽が枯死する現象のことである。
②休眠打破の条件は、果樹の種類や品種には関係なく、常に一定である。
③ブドウなどでは、強い低温にあうことで、発芽せず、樹が枯れる現象のことである。
④春先の暖かさで発芽、展葉、開花する現象のことである。
⑤低温など生育に不適な環境にあうことで、生育が停止している現象のことである。

41 □□□

写真は春先のリンゴのわい化栽培の様子である。地際部から上部にかけて白い塗布剤（炭酸カルシウム剤）が塗られている理由として、最も適切なものを選びなさい。

①病気の予防
②幹の凍害防止
③呼吸の抑制による成長の促進
④樹皮の温度上昇による生育促進
⑤樹皮を食害する野ネズミ対策

42 □□□

リンゴのビターピットの説明として、最も適切なものを選びなさい。

①窒素の多用や強せん定によって枝が強く伸びている樹の大玉の果実で発生しやすく、窒素過剰とカルシウム不足が主な原因である。
②収穫期から貯蔵初期に、果点を中心に黒または茶色の斑点が果皮に発生する。
③葉の縁が褐色に焼けた症状となり、対策としては晩秋に苦土石灰を樹冠下に施す。
④葉や果実に発生し、黒褐色のすす状、ビロード状の病斑が現われる。
⑤発生防止のため、幼果時に殺菌剤を散布する。

43 □□□

ブルーベリーの説明として、最も適切なものを選びなさい。

①アルカリ性土壌が適しているため、石灰を多く施す。
②果粒が小さく、同一樹内でも粒ごとに熟期が異なり、収穫に労力がかかる。
③防鳥にはカラス等に有効な45mm 角の大きな網目の防鳥ネットを使う。
④常緑・単幹・低木の果樹である。
⑤植え付けにピートモスを施用するとコガネムシの幼虫が増えるが、害はまったくない。

44 □□□

花芽分化を促進する要因として、最も適切なものを選びなさい。

	日照	降水量	夜間温度	窒素肥料
①	少ない	少ない	涼しい	多く施す
②	多い	少ない	涼しい	少なめに施す
③	多い	少ない	涼しい	多く施す
④	少ない	多い	高い	少なめに施す
⑤	多い	関係ない	関係ない	多く施す

45 □□□

隔年結果を少なくする方法として、最も適切なものを選びなさい。

①石灰質肥料を多く施す。
②ハウスや雨よけで栽培する。
③家畜たい肥を多く施す。
④適正なせん定や早期摘花、早期摘果を行う。
⑤土壌が乾かないように常にかん水を行う。

46 □□□

果樹園の草生栽培では年数回、草を刈り取ることが多いが、果樹との養水分競合防止以外の目的・効果として、最も適切なものを選びなさい。

①土壌がアルカリ性になるようにする。
②刈り取った草で地温を上げる。
③土壌の単粒化を促進する。
④土壌の養分の増加と有機物補給による土壌改良がある。
⑤病害虫減少のために、刈り取った草は園外に持ち出す。

47 □□□

日本の果実輸出量（2020年）の上位３種類を示した表のA～Cにあてはまる果樹の組み合わせとして、最も適切なものを選びなさい。

種類	輸出量	主な輸出先
A	26,972t	台湾、香港、タイ
B	1,712t	香港、台湾、シンガポール
C	1,599t	香港、台湾、シンガポール

	A		B		C
①	ウンシュウミカン	—	リンゴ	—	イチゴ
②	ウンシュウミカン	—	ブドウ	—	モモ
③	リンゴ	—	ブドウ	—	モモ
④	カキ	—	リンゴ	—	ブドウ
⑤	ブドウ	—	ウンシュウミカン	—	リンゴ

48 □□□

写真の獣害防止のための電気柵の説明として、最も適切なものを選びなさい。

①電源は家庭用のコンセントと電線からの電気しか使えないため、必ず電源工事が必要である。
②イノシシとシカに用いる設置様式は、まったく同じである。
③獣害対策用の電気柵は電圧・電流が弱いため、人には影響がなく安全である。
④夜間に被害があるので、夜間のみ通電すればよい。
⑤電気柵はイノシシやシカのほか、ハクビシン、アライグマ、サル、クマにも効果的である。

49 □□□

10a の果樹園に植栽距離７ m × ７ m で苗木を植え付ける場合に必要となる苗木の本数として、最も適切なものを選びなさい。

①約５本
②約10本
③約20本
④約30本
⑤約50本

50 □□□

殺菌剤1,500倍、殺虫剤800倍の混用農薬散布液を60L つくりたい。この場合の殺菌剤と殺虫剤の必要な薬量として、最も適切なものを選びなさい。

	殺菌剤	殺虫剤
①	４ g	7.5ml
②	25g	13ml
③	40g	75ml
④	250g	130ml
⑤	400g	750ml

選択科目（畜産）

11

写真のニワトリの品種として、正しいものを選びなさい。

①横はんプリマスロック種
②ロードアイランドレッド種
③名古屋種
④黒色ミノルカ種
⑤シャモ種

12 □□□

ニワトリの生殖器に関する説明として、最も適切なものを選びなさい。

①卵巣は左右一対あり、交互に排卵する。
②卵巣は右側のみ発達し、左側は退化している。
③卵巣はさまざまな大きさの卵胞が多数あり、ブドウの房状をしている。
④排卵された卵黄は漏斗（ろうと）部、卵管峡部、卵管膨大部、子宮部の順で通過し、卵が形成される。
⑤排卵から放卵までの所要時間は36～48時間である。

13 □□□

ニワトリの育すうに関する説明として、最も適切なものを選びなさい。

①ふ化したひなは卵黄のうが体内に残っているため、すぐに飼料を給与しなくてもよい。
②幼びなは自力で飼料を摂取できないため、給水器にビタミン剤を入れる。
③幼びなは過肥を防ぐため制限給餌とし、１日２回の給餌を行う。
④初生びなは体温調節ができるため、外気に慣れさせて病気への抵抗力をつける。
⑤初生びなはケージの環境に慣れさせるため、制限給餌とし、飼育面積を狭くする。

14 □□□

図のような育すう中のひなの状況として、最も適切なものを選びなさい。

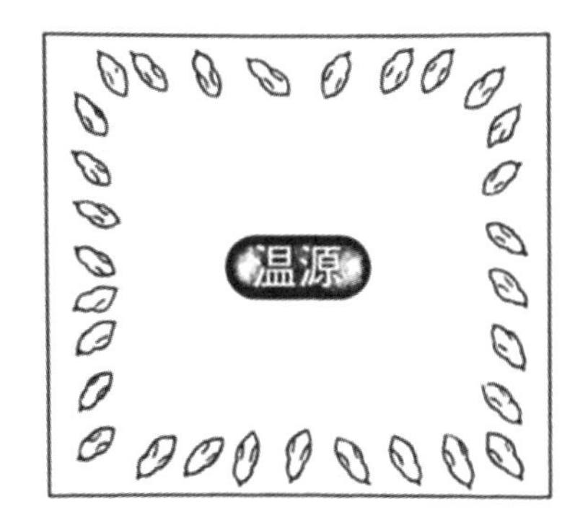

①ひな白痢に感染しているため、周辺に分散している。
②飼料の過剰給与のため、周辺に分散している。
③育すう器内が酸素欠乏のため、周辺に分散している。
④育すう器内が高温のため、周辺に分散している。
⑤育すう器内が低湿度のため、周辺に分散している。

2023年度 第2回

15 □□□

ふ卵7日目に検卵すると、図のような結果であった。この後の対応として、最も適切なものを選びなさい。

①無精卵であるため、廃棄する。
②出血している可能性が高いため、廃棄する。
③上下を逆さまにして、ふ卵を継続する。
④転卵しないように設定して、ふ卵を継続する。
⑤発育卵であり、そのままふ卵を継続する。

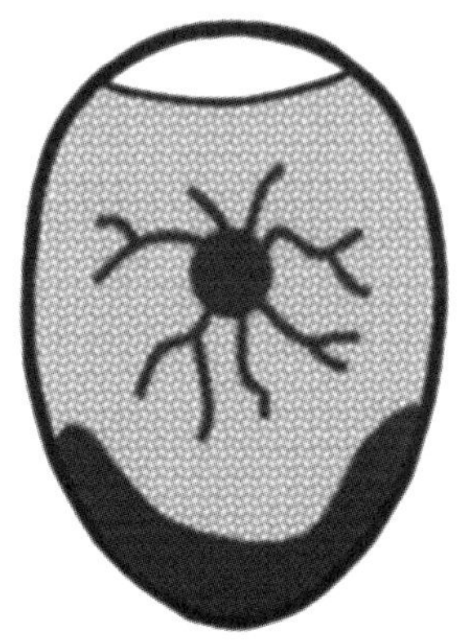

16 □□□

鶏卵の鮮度評価について、A～C に入る語句の組み合わせとして、最も適切なものを選びなさい。

「鶏卵の鮮度は（A）と卵重から算出する（B）であらわされ、値が（C）ほど新鮮とみなされる。」

	A		B		C
①	濃厚卵白の高さ	—	ハウユニット	—	高い
②	濃厚卵白の高さ	—	ハウユニット	—	低い
③	濃厚卵白の広がり	—	ハウユニット	—	高い
④	濃厚卵白の広がり	—	ヘンハウス	—	低い
⑤	卵黄の高さ	—	ヘンハウス	—	高い

17 □□□

高病原性鳥インフルエンザに関する説明として､最も適切なものを選びなさい。

①病原体は細菌である。
②海外から偏西風により日本に伝播されることが多い。
③鶏舎内への病原体の侵入を防ぐには、野鳥や野生動物が侵入できる隙間をふさぐことが有効である。
④ワクチン接種を行って発生を予防する。
⑤家畜伝染病予防法における届出伝染病である。

18 □□□

ブタの品種であるランドレース種の特徴として、最も適切なものを選びなさい。

①イギリス原産の白色大型のブタで、耳が直立している。
②イギリス原産の黒色のブタであるが、顔先、四肢先端、尾端が白い。
③デンマーク原産の白色大型のブタで、耳がたれている。
④アメリカ原産の赤褐色のブタで、背は弓状に張り、肉付きがよい。
⑤アメリカ原産の黒色のブタであるが、肩から前肢にかけて白い帯がある。

19 □□□

ブタの体長として、最も適切なものを選びなさい。

①鼻端から尾の付け根まで。
②鼻端から尾の先端まで。
③鼻端から腿(もも)の張った部分まで。
④両耳間の中央から体上線に沿った尾の付け根まで。
⑤両耳間の中央から体上線に沿った尾の先端まで。

20 □□□

ブタの消化器官の構造として、最も適切なものを選びなさい。

①小腸が円錐状に位置しており、特徴的である。
②腸管内部の上皮には絨毛(じゅうもう)が存在しない。
③消化酵素のほとんどが大腸で分泌されている。
④幼豚の胃では、タンパク質分解酵素のアミラーゼが分泌される。
⑤生まれた時から犬歯が発達し、永久歯は44本である。

21 □□□

繁殖雌豚の理想的なボディコンディションとして、最も適切なものを選びなさい。

①腰骨、背骨が感じとれない。
②腰骨、背骨が肉眼でもわかる。
③腰骨、背骨が厚く脂肪でおおわれている。
④手のひらで強く押すと、腰骨、背骨が感じとれる。
⑤手のひらで押すと、腰骨、背骨が容易に感じられる。

22 □□□

ブタの繁殖について、A、Bに入る語句の組み合わせとして、最も適切なものを選びなさい。

「雌豚の繁殖供用開始適期は、生後（A）、体重（B）くらいからである。初回交配が早いと排卵数も少なく繁殖成績もよくないが、反対に供用が遅すぎても受胎率の低下をまねくことになるため注意する。」

	A		B
①	6～7か月	—	100～110kg
②	6～7か月	—	120～130kg
③	6～7か月	—	150～160kg
④	8～9か月	—	100～110kg
⑤	8～9か月	—	120～130kg

23 □□□

ブタの分娩後の管理について、最も適切なものを選びなさい。

①哺乳期の子豚は体脂肪が少なく、寒さに弱いため、十分な保温管理を行う。
②母豚の泌乳量は、分娩後に徐々に増加し、1週間で最高となる。
③子豚の離乳は、体重が7 kgに達してから約45日が適切である。
④離乳後の発情回帰は21日後程度である。
⑤豚乳はカルシウムが不足しているため、新生子豚にはカルシウム剤を給与する。

24 □□□

ブタの雑種強勢の説明として、最も適切なものを選びなさい。

①遺伝的に斉一化されたハイブリッド豚のことをいう。
②ヘテローシス効果はF_1の一代限りである。
③ブタの品種改良において、雑種強勢は利用されていない。
④日本における三元交雑種は、現在、ハンプシャー種の利用が活発である。
⑤血縁的に近い両親の間に生まれた子は、発育や繁殖形質などで優れた能力を示す。

25 □□□

ブタの人工授精に関する説明として、最も適切なものを選びなさい。

①自然交配よりも交配適期が長くなる。
②複数回の授精や精液検査によって受胎率を上げられる。
③凍結精液を用いることが多い。
④受胎率は高いが、注入する精液量は自然交配よりも多く必要となる。
⑤こう様物と一緒に精液を注入することで、受胎率が高まる。

26 □□□

ブタの伝染病の説明として、最も適切なものを選びなさい。

①国が指定する家畜伝染病と届出伝染病は、殺処分が基本となっている。
②伝染病の発生が確認されたら、診断した獣医師は農林水産省に届け出る義務がある。
③トキソプラズマ病は、回虫が体内に寄生することにより発病する。
④流行性脳炎は、コガタアカイエカが媒介する。
⑤アフリカ豚熱は豚熱と異なる伝染病で、致死率は低い。

27 □□□

ブタの肉質の評価について、最も適切なものを選びなさい。

①日本では豚肉の筋肉内脂肪量を表す脂肪交雑基準が作成されている。
②脂肪の色は白いものがよい。
③肉のきめが細かいと保水性が低く、肉汁が流出しやすい。
④触ってみて脂肪がやわらかいものは、脂肪のしまりがよいとされる。
⑤肉の色は、ロース断面の赤色が濃いものがよいとされる。

28 □□□

次の特徴をもつウシの品種として、最も適切なものを選びなさい。

「イギリス原産の品種で、毛色は薄茶色と白色の斑紋がある。やや小柄な体格で、乳量は年間5,000kg 程度、乳は脂肪含量が高い。」

①ホルスタイン種
②ガンジー種
③ブラウン・スイス種
④エアシャー種
⑤シャロレー種

29 □□□

反すう胃の説明について、A～Cに入る語句の組み合わせとして、最も適切なものを選びなさい。

「飼料中のデンプン、セルロースなどの（A）は、ブドウ糖を経て、低分子の酢酸、プロピオン酸、酪酸などの（B）にまで分解され、第1胃の絨毛（じゅうもう）から（C）される。」

	A		B		C
①	タンパク質	—	中性脂肪	—	排出
②	タンパク質	—	中性脂肪	—	吸収
③	炭水化物	—	中性脂肪	—	排出
④	炭水化物	—	揮発性脂肪酸	—	排出
⑤	炭水化物	—	揮発性脂肪酸	—	吸収

30 □□□

ウシの乳排出を促進するホルモンとして、最も適切なものを選びなさい。

①アドレナリン
②エストロゲン
③プロゲステロン
④オキシトシン
⑤卵胞刺激ホルモン

31 □□□

写真Aの牛舎内を拡大した写真Bの器具(丸で囲った部分)の使用目的として、最も適切なものを選びなさい。

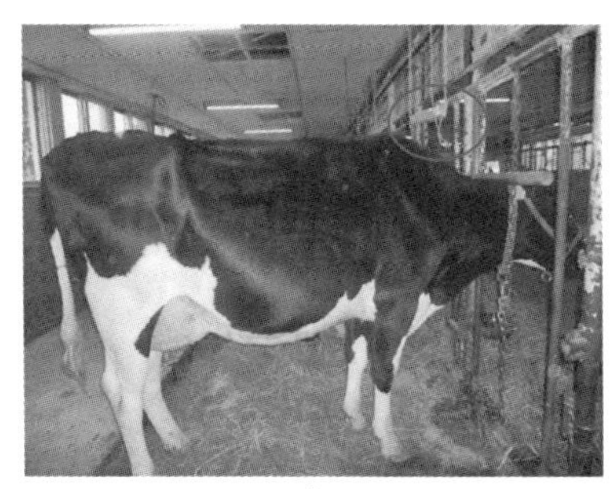

写真A　　　　写真B

①ウシをスタンチョン等に安全に繋留するため。
②牛床が汚れないよう、排ふん・排尿姿勢を整えるため。
③牛体のかゆみをとり、リラックスさせるため。
④飼槽内に飼料を残さないようにするため。
⑤つなぎ飼いでのウシの行動を制限するため。

32 □□□

次の搾乳システムの名称として、最も適切なものを選びなさい。

①ライトアングル方式
②ロータリーパーラ方式
③ヘリンボーン方式
④アブレスト方式
⑤タンデム方式

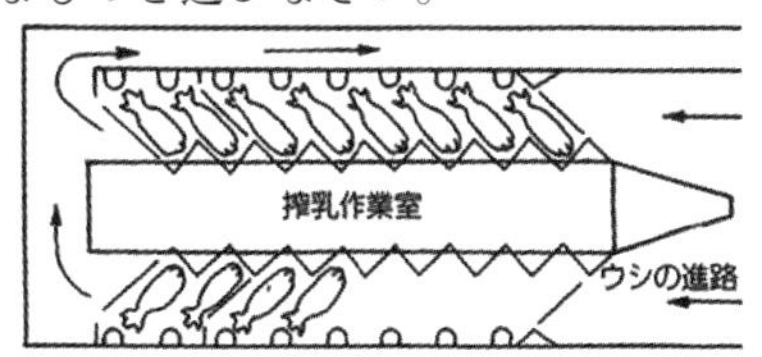

33 □□□

写真は雌ウシの生殖器である。受精卵移植において受精卵を注入する部位として、最も適切なものを選びなさい。

①ア
②イ
③ウ
④エ
⑤オ

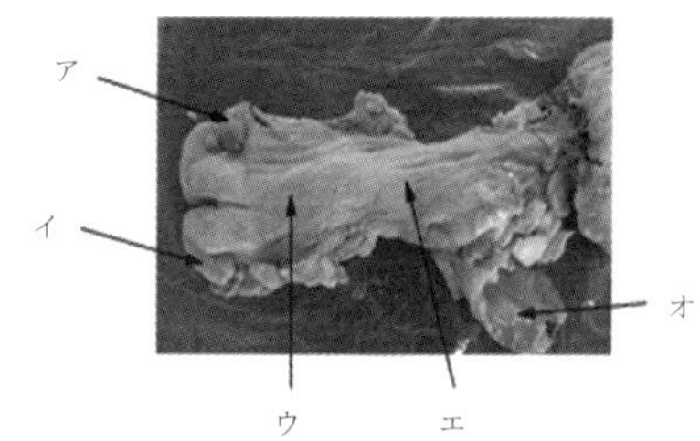

34 □□□

写真は、受精卵移植のために過剰排卵処理したウシの卵巣である。このような状態を引き起こす要因となるホルモンとして、最も適切なものを選びなさい。

①プロスタグランジン
② LH
③ FSH
④エストロジェン
⑤ GnRh

35 □□□

ウシの分娩に関する説明として、最も適切なものを選びなさい。

①分娩時には陣痛が始まり、羊膜が破れて第１次破水が起こる。
②腹側を上にして、後肢から出てくるのが正常分娩である。
③分娩が近づくと乳房が大きくなり、粘液が排出され、尾根部の両側が落ち込む。
④分娩直前には体温が上昇する。
⑤後産（胎盤）は通常分娩48時間後に娩出される。

36 □□□

ウシの乳熱の説明について、A～Cに入る語句の組み合わせとして、最も適切なものを選びなさい。

「分娩後の（A）の急増により、体内の（B）が乳汁中に急速に移行することで体温が低下し、（C）になる。」

	A		B		C
①	飼料給与	—	カルシウム	—	起立不能
②	飼料給与	—	マグネシウム	—	食欲低下
③	飼料給与	—	マグネシウム	—	起立不能
④	泌乳量	—	カルシウム	—	起立不能
⑤	泌乳量	—	マグネシウム	—	食欲低下

37 □□□

人獣共通感染症のうち、ウシに発生する疾病として、最も適切なものを選びなさい。

①狂犬病
②ケトーシス
③乳熱
④口蹄疫
⑤オーエスキー病

38 □□□

牛乳の検査の説明として、最も適切なものを選びなさい。

①牛乳の酸度は、ゲルベル法によって測定することができる。
②牛乳中の乳糖含量は、牛乳の価格を決める大きな要因である。
③牛乳の比重は、タンパク質の含有量によって変化する。
④牛乳中の細菌が増えると、pHの値が高くなる。
⑤牛乳中のカゼインは、古くなるとアルコールによって凝固しやすくなる。

39 □□□

黒毛和種の一般的な妊娠期間を考慮して1年1産を達成するには、分娩後に最大何日以内に受胎させることが必要か、最も適切なものを選びなさい。

①50日
②80日
③100日
④285日
⑤365日

40 □□□

写真の器具の名称として、最も適切なものを選びなさい。

①開口器
②観血去勢器
③デビーカー
④膣鏡
⑤鉗子（かんし）

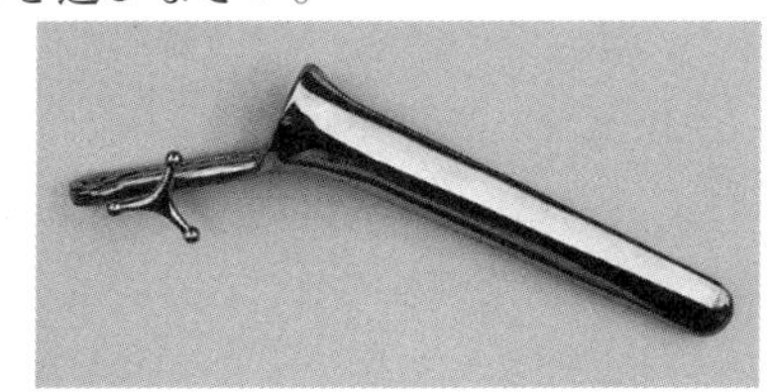

41 □□□

写真の器具の用途として、最も適切なものを選びなさい。

①除角
②個体識別
③止血
④ワクチン接種
⑤発情同期化

42 □□□

飼料の種類の説明として、最も適切なものを選びなさい。

①トウモロコシ、ソルガム、大麦、イネは、ホールクロップサイレージの原料として栽培される作物である。
②玄米を精白したときの副産物をフスマという。
③ダイズ粕は、代表的な植物性脂質飼料であり、家畜飼料に広く使用される。
④ビートパルプは、トウモロコシデンプンの製造工程で得られる副産物である。
⑤マイロやコウリャンの総称をグレインソルガムという。

43 □□□

写真の飼料の名称として、最も適切なものを選びなさい。

① WCS
② TMR
③ヘイキューブ
④ビートパルプ
⑤コーングルテンフィード

44 □□□

可消化エネルギーの略省記号として、正しいものを選びなさい。

① DE
② ME
③ TDN
④ NE
⑤ GE

45 □□□

肉豚の1週間における飼料給与量が19.6kg、残飼量が1.6kg、増体量が6 kgの場合の飼料要求率として、最も適切なものを選びなさい。

①2.5
②3.0
③3.5
④4.0
⑤4.5

46 □□□

写真のサイレージの貯蔵・調製方法として、適切なものを選びなさい。

①バンカーサイロ
②タワーサイロ
③スタックサイロ
④ラップサイロ
⑤地下サイロ

2023年度 第2回

47 □□□

飼料調製に使用するコンビラップマシーンとして、最も適切なものを選びなさい。

① ② ③ ④ ⑤

48 □□□

液状のふん尿混合物のほ場散布で使用する農業機械として、最も適切なものを選びなさい。

①マニュアスプレッダ
②ライムソーワ
③スラリースプレッダ
④ブロードキャスタ
⑤ブームスプレーヤ

49 □□□

畜産物の価格変動の説明として、最も適切なものを選びなさい。

①自由市場のもとでは、価格は需要により決定される。
②輸入自由化による低価格化は、循環変動に該当する。
③年末のすき焼き需要などの消費性を傾向変動という。
④ピッグサイクルは、季節変動といえる。
⑤政策価格により価格が決められる場合は、年間を通して価格が安定している。

50 □□□

次の説明に該当する名称として、最も適切なものを選びなさい。

「動物の生活と死の状況に関連した動物の身体的および心理的状態をさし、動物の生きている間のストレスや幸せに配慮することや、産業動物などのと畜においては苦しみや恐怖のない手法をとることを求めるもの。」

①動物愛護
②農場 HACCP
③畜産 GAP
④アニマルウェルフェア
⑤アニマルセラピー

選択科目（食品）

11 □□□

令和２（2020）年度の日本人の年間１人当たりのコメの消費量として、最も適切なものを選びなさい。

①118kg
②95kg
③65kg
④51kg
⑤38kg

12 □□□

砂糖の種類のおもな用途と特徴の組み合わせとして、最も適切なものを選びなさい。

砂糖の種類		おもな用途		特徴
①上白糖	―	和菓子用	―	日本の伝統的な製法
②グラニュー糖	―	高級菓子・ゼリー用	―	無色透明で光沢あり
③三温糖	―	煮物・漬物用	―	強い甘さとコク
④和三盆	―	一般家庭用	―	素材の味をいかす甘さ
⑤白ざら糖	―	洋菓子用	―	グラニュー糖を細かく砕いたもの

13 □□□

アミノ酸とその味の組み合わせとして、最も適切なものを選びなさい。

①アラニン ― 甘み
②ロイシン ― 甘み
③アスパラギン酸 ― わずかな苦み
④グルタミン酸 ― わずかな甘み
⑤フェニルアラニン ― 弱いうま味

14 □□□

おもな栄養素の種類と働きとして、最も適切なものを選びなさい。

①エネルギー源となるのは、炭水化物と脂質だけである。
②セルロースやペクチンなどの食物繊維は、食品のうま味に関係する。
③ビタミンは、からだの機能を調整するほか、エネルギー源にもなる。
④タンパク質は、アミノ酸にまで分解されると、筋肉や酵素などに再構成できない。
⑤脂質は、エネルギー源となるほか、細胞膜を構成するリン脂質に変化する。

15 □□□

次の説明に該当する栄養素として、最も適切なものを選びなさい。

「酸素や光・熱などに不安定な有機化合物で、体内ではごく微量でよいが、体の働きを正常に保つために必要な栄養素である。」

①炭水化物
②タンパク質
③脂質
④無機質
⑤ビタミン

16 □□□

ビタミンの名称と種類、生理作用の組み合わせとして、最も適切なものを選びなさい。

ビタミンの名称	種類	生理作用
①ビタミンA	—水溶性ビタミン—	視力、皮膚や粘膜の健康維持に必要
②ビタミンE	—脂溶性ビタミン—	脂質の酸化防止、生殖の正常化に必要
③ビタミンK	—脂溶性ビタミン—	骨や歯の形成に必要
④ビタミンB_1	—水溶性ビタミン—	アミノ酸の代謝に必要
⑤ビタミンC	—脂溶性ビタミン—	毛細血管・歯・骨・結合組織の作用を正常に保つのに必要

17 □□□

核酸系うま味成分を含む食材として、最も適切なものを選びなさい。

①しいたけ
②昆布
③はちみつ
④ダイズ
⑤ニンニク

18 □□□

食品中のカルシウムの定量法として、最も適切なものを選びなさい。

①オルトフェナントロリン法
②モリブデンブルー比色法
③過マンガン酸カリウム容量法
④インドフェノール滴定法
⑤プロスキー変法

19 □□□

日本農林規格に規定されている果汁の酸度を滴定法で測定する際に必要なアルカリ溶液と指示薬として、最も適切なものを選びなさい。

①水酸化カリウム溶液、インドフェノール溶液
②水酸化ナトリウム溶液、フェノールフタレイン溶液
③炭酸ナトリウム溶液、ヨウ化カリウム溶液
④炭酸カルシウム溶液、メチルレッド溶液
⑤チオ硫酸ナトリウム溶液、エリオクロムブラック T 溶液

20 □□□

食品のタンパク質の定量実験であるセミミクロケルダール法で試料の分解を行う際の分解液の色の変化の順番として、最も適切なものを選びなさい。

①黒 → 褐色 → 青色
②黒 → 黄色 → 無色
③黒 → 赤色 → 黄色
④黒 → 褐色 → 無色
⑤黒 → 褐色 → 赤色

21 □□□

油脂が酸化することにより、悪臭をはじめ食味・栄養価の低下が起こる現象として、最も適切なものを選びなさい。

①発酵
②熟成
③腐敗
④酸敗
⑤劣化

22 □□□

抗酸化作用により保存性を向上させる処理として、最も適切なものを選びなさい。

①塩漬け
②天日干し
③くん煙処理
④加糖処理
⑤超低温保存

23 □□□

動物の腸管内に生息し、微量でも食肉に付着していると生や加熱不十分な食肉から感染し、下痢・腹痛・発熱などの食中毒を起こす原因微生物として、最も適切なものを選びなさい。

①カンピロバクター
②アニサキス
③黄色ブドウ球菌
④アフラトキシン
⑤ヒスタミン

24 □□□

ノロウイルスの説明として、最も適切なものを選びなさい。

①ブタ、ニワトリ、ウシの腸管内の常在菌。8～48時間の潜伏期間を経て、発病、悪心、おう吐で始まり、数時間後に腹痛や下痢を起こす。

②潜伏期間は5時間～3日間。全身の違和感、複視、眼瞼（がんけん）下垂、嚥下（えんげ）困難、口渇、便秘、脱力感、筋力低下、呼吸困難などを起こす。重症患者では死亡する場合がある。

③潜伏期間は12時間前後。耐えがたい腹痛があり、水様性や粘液性の下痢がみられる。37～38℃の発熱やおう吐、吐き気を起こす。

④鮮魚介類にいる寄生虫で、生きたまま食べてしまうとまれに胃や腸壁に侵入し、激しい腹痛やおう吐、じんましんなどを引き起こす。

⑤潜伏期間は24～48時間。手指や食品などを介して経口で感染、ヒトの腸管で増殖し、おう吐、下痢、腹痛などを起こす。

25 □□□

食品の安全指標として用いられている「ADI」の日本語訳として、最も適切なものを選びなさい。

①許容一日摂取量
②安全係数
③無毒性量
④急性参照用量
⑤耐容一日摂取量

26 □□□

固形培地で培養すると、乳糖を分解して暗赤色の集落を形成する微生物と培地の組み合わせとして、最も適切なものを選びなさい。

①大腸菌群 ― EMB 培地
②大腸菌群 ― デソキシコレート寒天培地
③腸炎ビブリオ ― TCBS 寒天培地
④一般生菌 ― 標準寒天培地
⑤大腸菌群 ― 乳糖ブイヨン培地

27 □□□

食品表示法の説明の（　　）に入る語句として、最も適切なものを選びなさい。

「食品表示法は、食品衛生法、JAS法および（　　）で定められていた食品表示に関する項目を一元化したものである。」

①健康増進法
②食品安全基本法
③消費者基本法
④製造物責任法
⑤容器包装リサイクル法

28 □□□

食品の包装材料のうち、次の特徴をもつ容器の材料として、最も適切なものを選びなさい。

利点	欠点
・透明で中身がみえる。 ・化学的に安定し、品質の変化が少ない。 ・回収して再利用ができる。 ・製造コストが安い。 ・原料資源が豊富にある。 ・デザインの工夫ができる。	・耐熱性と耐寒性が低く、急な温度変化に弱い。 ・重量が重い。 ・熱伝導が低い。 ・破損しやすい。

①ガラス
②ブリキ
③アルミニウム
④紙
⑤プラスチック

29 □□□

玄米の中でアミロースやアミロペクチンが一番多く含まれている部位として、最も適切なものを選びなさい。

①もみがら
②果皮
③ぬか層
④胚芽
⑤胚乳

30 □□□

小麦の全粒中の約2.5%を占め、タンパク質・脂質・灰分・ビタミン類を多く含む部位として、最も適切なものを選びなさい。

①外皮
②果皮
③ぬか層
④胚芽
⑤胚乳

31 □□□

パンの製造法のうち、直ごね法の特徴として、最も適切なものを選びなさい。

①はじめに、原材料のうち、小麦粉の50～70%とパン酵母の全量および水を仕込む。
②のびのよいグルテンを形成し、質のよいパンが安定してできる。
③作業の工程が長い。
④発酵時間や温度による影響を受けやすく、個性豊かなパンができる。
⑤焼成後のデンプンの老化が遅い。

32 □□□

小麦粉と水を混合し、圧延・切り出し、乾燥・裁断し、計量・包装する製品として、最も適切なものを選びなさい。

①生めん
②冷凍めん
③乾めん
④ゆでめん
⑤蒸めん

33 □□□

イソフラボン類が含まれている食品として、最も適切なものを選びなさい。

①ピーマン
②ミカン
③茶
④ダイズ
⑤ブロッコリー

34 □□□

暗発芽させて「もやし」にするほか、「はるさめ」の原料となる豆類として、最も適切なものを選びなさい。

①エンドウ
②インゲン
③アズキ
④リョクトウ
⑤ソラマメ

35 □□□

生のいも類のうち、可食部100g当たりのエネルギー量（Kcal）が一番高いいも類として、最も適切なものを選びなさい。

①ナガイモ
②ジャガイモ
③サツマイモ
④サトイモ
⑤コンニャクイモ

36 □□□

いも類に多く含まれるデンプンのかたさや弾力が、いもの種類によって異なる理由として、最も適切なものを選びなさい。

①デンプンを構成する単糖類の種類が違うから。
②アミロースとアミロペクチンの含有割合が違うから。
③加熱時における熱の伝わり方に差があるから。
④グルコース鎖が一直線上にならず、らせん構造をとるものがあるから。
⑤ミセルを形成するものがあるから。

37 □□□

ぬか漬けは家庭で漬けられる漬け物の代表でもあり、１日１～２回、ぬか床をかくはんして発酵を促進させるが、かくはん不足の際に、表面に形成してしまうことがある白い膜として、最も適切なものを選びなさい。

①かび
②酒粕
③木灰
④産膜酵母
⑤有機酸

38 □□□

酒粕を用いて製造する漬け物として、最も適切なものを選びなさい。

①福神漬け
②ぬか漬け
③わさび漬け
④たくあん漬け
⑤ピクルス

39 □□□

果実のナシに0.2%程度含まれる有機酸として、最も適切なものを選びなさい。

①クエン酸
②酒石酸
③コハク酸
④フマル酸
⑤リンゴ酸

40 □□□

糖の構成成分にソルビトールを20%程度含む果実として、最も適切なものを選びなさい。

①リンゴ
②カキ
③バナナ
④ブドウ
⑤オウトウ

41 □□□

ハムやソーセージの製造時に充てんに用いる袋状の被膜のうち、くん煙可能な通気性があり、かつ可食性もある人工ケーシングとして、最も適切なものを選びなさい。

①コラーゲンケーシング
②塩化ビニリデンケーシング
③ファイブラスケーシング
④セルロースケーシング
⑤天然ケーシング

42 □□□

ロースハムの製造時に製品の中心温度を63℃以上で30分以上保持する工程として、最も適切なものを選びなさい。

①整形
②塩漬け
③充てん
④くん煙
⑤湯煮

43 □□□

ミルクプラントによる牛乳の製造で、脂肪球を細かく砕くと同時に、脂肪球の表面積を増加させる工程として、最も適切なものを選びなさい。

①清浄化
②予熱
③殺菌
④均質化
⑤冷却

44 □□□

ミルクプラントによる牛乳製造において、受乳検査で行われる検査名と使用する機器名の組み合わせとして、最も適切なものを選びなさい。

検査名		機器名
①比重の測定	—	ホモジナイザー
②脂肪の測定	—	遠心分離機
③酸度の測定	—	クラリファイヤー
④pH の測定	—	クリームセパレーター
⑤アルコール試験	—	プレートクーラー

45 □□□

ホエーを加熱して製造するものとして、最も適切なものを選びなさい。

①カマンベールチーズ
②リコッタチーズ
③エメンタールチーズ
④ブリーチーズ
⑤ゴルゴンゾーラチーズ

46 □□□

成分調整牛乳のうち、乳脂肪分を0.5%未満にしたものとして、最も適切なものを選びなさい。

①低脂肪牛乳
②無脂肪牛乳
③加工乳
④特別牛乳
⑤乳飲料

47 □□□

牛乳・卵・砂糖を原料とするカスタードプディングが固まる要素として、最も適切なものを選びなさい。

①卵の熱凝固性
②卵の乳化性
③牛乳の熱凝固性
④牛乳の酸凝固性
⑤卵と砂糖の起泡安定性

48 □□□

酒類の製造におけるアルコール発酵の説明として、最も適切なものを選びなさい。

①アルコール発酵を行う酵母は、アスペルギルスオリゼである。
②アルコール発酵は、好気的な条件下で行われる。
③酵母は、グルコースなどの糖分を栄養として増殖する。
④酵母に取り込まれたグルコースは、酵素によって酢酸と二酸化炭素になる。
⑤清酒の製造では、酵母により50%以上のアルコールが生産できる。

49 □□□

写真の好気性の細菌を利用してつくられる食品として、最も適切なものを選びなさい。

①パン
②みそ
③しょうゆ
④甘酒
⑤納豆

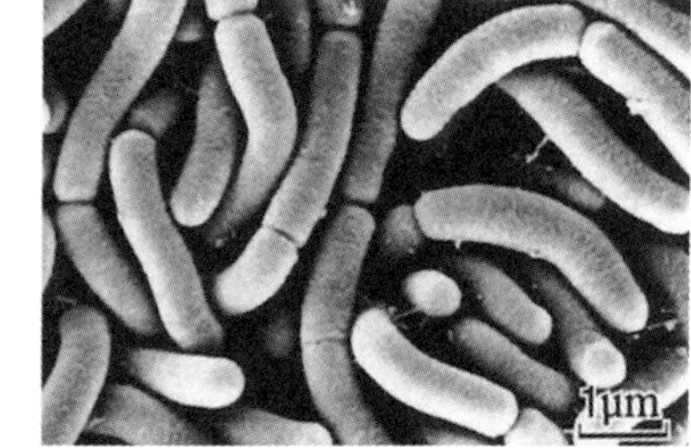

50 □□□

みその説明として、最も適切なものを選びなさい。

①豆みそは農家の自家用につくられたことから、田舎みそとも呼ばれる。

②麦みそは赤褐色あるいは黒褐色で、味・香りともに、ほかのみそと異なり、長期間貯蔵することができる。

③米みそのうち、甘系の白みそは麹歩合が多く、食塩分が少ない。

④辛口系の信州みその色が淡色なのは、麹歩合が多いからである。

⑤辛口系の赤みそは、麹歩合と食塩分が、ほかのみそに比べると少ない。

編集協力
荒畑　直希
木之下明弘
佐々木正剛
佐藤　　崇
佐藤　展之
高橋　和彦
中井　俊明　他

2024年版
日本農業技術検定
過去問題集　２級

令和６年４月　発行

定価1,375円（本体1,250円＋税10％）
送料別

編　日本農業技術検定協会
事務局　一般社団法人 全国農業会議所
発行　一般社団法人 全国農業会議所
全国農業委員会ネットワーク機構

〒102-0084　東京都千代田区二番町９－８
中央労働基準協会ビル
TEL　03(6910)1131

全国農業図書コード番号　R06-02

2024年版
日本農業技術検定
過去問題集　２級

解答・解説編

2023年度第１回日本農業技術検定２級試験問題正答表

共通問題［農業一般］

設問	解答
1	②
2	④
3	③
4	②
5	④
6	⑤
7	②
8	①
9	⑤
10	③

選択科目［作物］［野菜］［花き］［果樹］［畜産］［食品］

設問	解答	解答	解答	解答	解答	解答
11	②	①	④	⑤	③	③
12	①	⑤	④	②	②	②
13	⑤	④	①	④	⑤	⑤
14	④	④	⑤	①	②	①
15	②	④	②	③	④	②
16	⑤	①	⑤	⑤	②	④
17	③	②	④	①	④	②
18	⑤	⑤	②	④	④	①
19	⑤	②	③	⑤	④	⑤
20	②	③	⑤	③	⑤	①
21	①	②	⑤	④	③	⑤
22	③	①	②	②	②	④
23	②	③	④	②	③	①
24	⑤	③	④	①	⑤	⑤
25	④	③	①	②	③	④
26	⑤	⑤	①	①	③	⑤
27	①	②	②	④	⑤	②
28	②	①	③	⑤	③	②
29	①	③	①	②	①	③
30	③	②	⑤	②	①	④
31	③	③	④	④	③	①
32	④	⑤	②	⑤	⑤	②
33	⑤	①	③	②	④	④
34	③	①	③	④	⑤	③
35	②	③	④	①	②	③
36	⑤	①	①	①	①	⑤
37	④	③	⑤	③	⑤	①
38	②	③	②	③	②	⑤
39	①	②	②	③	③	④
40	④	④	③	④	②	②
41	④	④	③	②	③	④
42	⑤	①	④	⑤	④	③
43	④	①	②	③	②	⑤
44	①	④	③	①	①	④
45	③	②	②	②	③	③
46	①	②	①	⑤	②	②
47	③	⑤	①	①	①	⑤
48	②	⑤	③	③	⑤	③
49	③	②	③	①	①	①
50	①	④	⑤	⑤	④	④

2023年度第２回日本農業技術検定２級試験問題正答表

共通問題［農業一般］

設問	解答
1	③
2	②
3	①
4	④
5	②
6	③
7	④
8	③
9	④
10	①

選択科目［作物］［野菜］［花き］［果樹］［畜産］［食品］

設問	解答	解答	解答	解答	解答	解答
11	⑤	⑤	③	①	⑤	④
12	②	①	②	⑤	③	③
13	④	⑤	③	⑤	①	①
14	③	③	⑤	②	④	⑤
15	①	②	③	③	⑤	⑤
16	⑤	①	①	④	①	②
17	③	③	④	①	③	①
18	②	④	⑤	⑤	③	③
19	①	①	①	①	④	②
20	④	②	①	⑤	⑤	①
21	③	②	②	⑤	④	④
22	①	④	②	④	⑤	③
23	⑤	③	①	③	①	①
24	②	①	④	②	②	⑤
25	③	④	⑤	⑤	②	①
26	⑤	①	④	①	④	②
27	④	⑤	⑤	④	②	①
28	⑤	③	②	①	②	①
29	①	③	③	③	⑤	⑤
30	④	④	⑤	①	④	④
31	④	②	①	④	②	④
32	②	⑤	③	⑤	③	③
33	⑤	④	③	③	②	④
34	①	①	①	②	③	④
35	③	⑤	②	②	③	③
36	①	⑤	②	①	④	②
37	②	③	④	②	①	④
38	⑤	②	①	③	⑤	③
39	④	①	④	④	②	⑤
40	②	⑤	⑤	⑤	④	⑤
41	①	③	④	②	①	①
42	③	④	③	①	①	⑤
43	③	④	⑤	②	③	④
44	④	③	②	②	①	②
45	③	①	④	④	②	②
46	⑤	②	②	④	③	②
47	④	③	②	③	①	①
48	①	②	⑤	⑤	③	③
49	②	⑤	②	③	⑤	⑤
50	②	④	④	③	④	③

2023年度 第1回 日本農業技術検定2級　解説

（難易度）★：やさしい、★★：ふつう、★★★：やや難

共通問題［農業一般］

1　解答▶②　★★

持続可能な食料システムの構築に向け、中長期的な観点から、調達、生産、加工・流通、消費の各段階の取組とカーボンニュートラル等の環境負荷軽減のイノベーションを推進する目的で策定された。数値目標として2050年までに、化学農薬の使用量を50%低減、輸入原料や化石燃料を原料とした化学肥料の使用量を30%低減、耕地面積に占める有機農業の面積割合を25%に拡大等が掲げられている。

2　解答▶④　★★

2020年と比較して25.6%の増加、額では2,525億円の増加となり、輸出先は1位が中国、2位が香港、3位がアメリカとなった。①アジア地域への輸出額が最大である。②農産物、水産物、林産物の順である。③輸出額は毎年伸びている。⑤2025年には2兆円、2030年には5兆円の目標を掲げて輸出拡大に取り組んでいる。

3　解答▶③　★

①農業経営を目的とした農産加工や堆肥等の施設用地は農地に含まれないので、宅地並み課税が適用される。②農地の転用は農業委員会を経由して都道府県知事の許可が必要（4 ha 以上は大臣許可）。④「農地の流動化」は、農地の権利移動を促進して、農業経営の農地の規模拡大等を目的としている。⑤「農地の集積」の説明であり、「農地の集約化」は農地の利用権を交換すること等によって農地の分散を解消することで、農作業を連続的に支障なく行えるようにすることをいう。

4　解答▶②　★

トレーサビリティは「trace（追跡）」と「ability（能力）」を組み合わせた言葉。生産者や流通業者は、製品に添付されたバーコードやICタグ等を読み取ることで、そこに集積した製品の情報を把握することができる。

5　解答▶④　★★★

アメリカの物理学者ウォルター・シューハートとエドワーズ・デミングによって提唱された理論。このため、シューハート・サイクル（Shewhart Cycle）またはデミング・サイクル（Deming Wheel）とも呼ばれる。さなざまな事業で広く活用され、経営が続く限り、何度も繰り返されることが、経営の改善につながり重要である。

6　解答▶⑤　★

試算表には集計方法により合計試算表、残高試算表、合計残高試算表がある。試算表は、一定期間の資産・負債・売上・経費・利益などを記載するため、経営状態や業績を把握する際にも役立つ。

7　解答▶②　★★

まず、期首の資本を求め（4,600千円－2,200千円＝2,400千円）、次に期末の資本を求めて（2,400千円＋300千円＝2,700千円）、そこから期

末の負債を求める（5,000千円－2,700千円＝2,300千円）。

8　解答▶①　★

食料自給率は、わが国の食料全体の供給に対する国内生産の割合を示す指標であり、その一つである供給熱量（カロリー）ベースの総合食料自給率は、「日本食品標準成分表」に基づいて、品目ごとに重量を供給熱量に換算し、各品目の供給熱量を合計して産出したもの。供給熱量は国民に対して供給される（市場に流通する）総熱量をいい、摂取熱量は国民に実際に摂取された総熱量をいう。供給熱量は農林水産省の食料需給表、摂取熱量は厚生労働省の国民栄養調査の値を用いることが多い。

9　解答▶⑤　★★

農林水産省は熱中症対策として令和３年５月から「熱中症警戒アラート」の発出の際に農水省（MAFF）アプリにも注意喚起の通知機能の運用を開始した。①平成29年から令和３年までの５年間平均は274人。②就業者10万人当たり死亡者数は全産業1.2人、建設業5.2で、農業の10.8人が最も多く増加傾向にある。③年齢別では65歳以上が84.8%、80歳以上が35.2%と高齢農業者の占める割合が高い。④農業機械作業の死亡事故は乗用トラクタによるものが最も多い。

10　解答▶③　★★★

世界の平均気温上昇を産業革命前と比較して、2℃より低く抑え、1.5℃に抑える努力を追求する目的のため、パリ協定の下で国際社会は、今世紀後半に世界全体の温室効果ガス排出量を実質的にゼロにする「脱炭素化」を目指している。①温室効果ガスに占める割合は二酸化炭素が76%、窒素ガスは16%である。②1997年の京都議定書であり、パリ協定は2015年。④京都議定書を受けて1998年に地球温暖化対策推進法が制定され、1999年に施行された。⑤森林吸収源対策（2030年度目標：二酸化炭素吸収量約3,800万t）が主力となっている。

選択科目［作物］

11　解答▶②　★★

①葉耳（葉鞘と葉身の境目の節の部分に生えている毛）はヒエにはないが、イネにはある。③葉脈に沿って機動細胞がある。④葉の先端に分裂組織がある。⑤葉身の成長後に葉鞘が伸張する。

12　解答▶①　★

湛(たん)水状態により雑草の発芽・生育を抑制する。②水田に流れ込む水によって養分が供給されると同時に土中の有害物質､過剰養分を流出させ､連作障害回避に寄与する。③散布した肥料や農薬を均一化させて効果を促進する。④低温時の保温、高温時の冷却によりイネへの障害を軽減する。⑤土壌を還元し、土壌養分の供給や地力を維持する。

13　解答▶⑤　★★

水田畦畔は維持管理に多大な労力や基盤整備が必要であるが、湛(たん)水状態を保ってイネを栽培するだけでなく、圃(ほ)場区画の境界、水管理、水田景観保全、作業通路、水田ダム的洪水軽減等、水田としての多面的機能を発揮させるための基本的な構造物である。畦畔は、基本的には私有地である。

14　解答▶④　★★

①雑草の種子が混入していないこと､②発芽率が95％以上であること、③もみに病原菌が付いていないこと、⑤塩水選（比重：うるち1.13、もち1.08～1.1）で沈むこと、などが種もみの条件になる。

15　解答▶②　★★

①新しい根は白くつやがあるが、次第に先端の数mm以外は赤褐色に変わる。②土壌中の酸素が豊富な場合は分枝根が多く、酸素不足の場合は分枝根が少ない。③生育中期以降、根のところどころが黒く、特に分枝根が黒くなる障害を黒根という。④根が腐って半透明になり、根の中心の組織が外から透けて見える障害を腐れ根という。⑤土中の硫化水素などにおかされると、先端近くから多くの分枝根が出て、“獅子の尾状の根”になる。

16　解答▶⑤　★★★

イネが紋枯病に感染すると葉鞘・葉身が枯死して、水稲が倒伏しやすくなり収量と品質が低下する。①一般に直まき栽培は移植栽培より倒伏程度は大きくなる。②③密植栽培や１株植え付け本数が多い場合は茎が細くなり倒伏は増加する。④中干しで地面を固め、根を強くすることで倒伏は軽減できる。

17　解答▶③　★★

緑肥としてすき込むために栽培する緑肥作物においては、①緑肥作物の栽培は肥料高騰対策、土壌の地力対策や景観形成など多面的機能発揮メリットがあり、中長期的には費用対効果が期待できる。②⑤緑肥作物、とくに窒素固定が期待できるレンゲなどのマメ科作物をすき込む場合、ガス障害の危険性が高いため、代かきの２～３週間前頃が望ましい。④緑肥作物をすき込む場合は元肥軽減が望ましい。緑肥作物の生育量やすき込み後の分解速度などに応じて生育管理する。

18　解答▶⑤　★★★

①②④夜間の照明（光）は、日長感応を抑制し、出穂遅延もしくは出穂しなくなり、登熟不良や未熟米が増加する傾向がある。③ヤガ等害虫を誘引し、被害を助長する。最近の研究では、赤や橙色以外の青・緑・黄緑色のLED照明を１秒間に1,000回点滅させると、イネの光障

害を回避できるとする研究発表があった。

19　解答▶⑤　★★

水田におけるメタンガスの発生は、土壌が還元状態になり、メタン生成菌が活発化するために起こる。①有機物のすき込みは収穫直後がのぞましい。②鉄資材を施用することで、鉄イオン Fe^{3+} が酸化剤として機能し、メタンガス発生が抑制される。③代かきは極簡素化、できれば無代かきにすることでメタンガス発生が抑制される。④中干しを長くして酸化状態を促進させることでメタンガス発生が抑制される。

20　解答▶②　★★★

イネの薬害が生じやすい条件は、初期生育の不良イネのほか、①ごく浅植えでイネの根が露出、③減水深が大きい、④砂土や砂壌土、⑤除草剤散布後の高温などである。

21　解答▶①　★★★

イネの収量は、収量構成要素とよばれる4つの要素（単位面積＜1㎡＞当たり穂数、1穂当たりもみ数、登熟歩合、精もみ1粒の重さまたは1,000粒重）から成り立っている。これら4つの要素を調査･計算して、かけあわせると収量を求めることができる。

22　解答▶③　★

①②植物学的には、水稲と陸稲とは差が無く、水稲を畑状態で栽培、並びに陸稲を水田状態でも栽培できる。④陸稲にももち種とうるち種があるが、食味等の観点から、もち種がおもに栽培される。⑤陸稲は、直播栽培が基本である。

23　解答▶②　★★

写真はイネミズゾウムシである。成虫は体長約3 mmのゾウムシで体表が灰白色の鱗状に覆われている。移植直後のイネが食害を受けると葉がかすり状になり、著しい生育遅延が起きる。周囲の田と移植時期を合わせたり、できる限り浅水にしたり、間断かん水や中干しをすることにより成虫の定着を抑制する。

24　解答▶⑤　★★★

①北海道には4～5月頃に種をまき、8月中旬頃に収穫する「春まき小麦」もある。②発芽の最低温度は0～2℃で、最適温度は24～26℃である。③種子は風乾重の約40%の水分を吸収した時によく発芽する。④発芽のときには種子から直接5～6本の根が出る。

25　解答▶④　★

①穂の分化や出穂に対する低温要求量が低いのは、春播性品種の説明である。低温要求度が低いため春に播いても出穂、結実できる。②秋播性品種は、春に播くと栄養成長は盛んとなるが、穂は分化せず夏には枯死してしまう。③秋播性程度は生育初期に花芽分化するために必要とする低温の程度の違いを表す指標で、Ⅰ～Ⅶの7段階で示される。春播性品種はⅠ、Ⅱ、中間品種がⅢ、Ⅳ、秋播性品種はⅤ～Ⅶである。⑤寒冷地や積雪地域では秋播性程度の高い品種が栽培される。

26　解答▶⑤　★

①黒穂病は種子伝染し、出穂と同時に発病するが、播種前に温湯浸法などで種子消毒する。②い縮病や縞い縮病は土中のウイルスが麦類の体内に入って発病するので、土壌消毒を行ったり、抵抗性品種を栽培したりするほか、やや遅まきする。③さび病は多肥栽培で特に発生が多く、窒素を抑さえてカリを多くし、耐病性品種を選ぶことが重要である。④赤かび病は暖地や高温の年の発生が多く、出穂直後の穂がおかされるので、出穂期に殺菌剤を散布する。⑤

空気伝染する雪腐大粒菌核病や土壌伝染する雪腐黒色小粒菌核病など、5種類が知られている。

27　解答▶①　★★

小麦粉はタンパク質の含有量によって、強力粉、準強力粉、中力粉、薄力粉に分けられ、それぞれパン、中華めん、うどん、菓子などに使われる。国内で生産されるコムギの大部分は中力粉で、うどんなど日本めん用に使われる。国内で消費される日本めん用の小麦粉は、約6割が国産コムギから作られている。パン用のコムギはおもに北海道で栽培されるが、その量は国内消費の約3％でしかない。2粒系のデュラムコムギはデュラム粉になり、スパゲッティなどに利用される。

種　類	タンパク質含有量	おもな用途
①薄　力　粉	6.5～ 9.0%	和洋菓子・天ぷら粉
②中　力　粉	7.5～10.5%	うどん、即席麺
③準強力粉	10.5～12.5%	中華めん、ぎょうざの皮
④強　力　粉	11.5～13.0%	食パン
⑤デュラム粉	11.0～14.0%	マカロニ・スパゲッティ

28　解答▶②　★

葉や茎に白い斑点が現れ、そこに分生子が形成されて盛り上がる。その後病斑が一面に広がると、うどん粉をまぶしたような状態となる。②地際部に発生する。紡錘状で眼の形をした病斑を形成する。③春の茎立ち期頃から草丈が低くなり、分げつが減少する。根は黒く腐敗し、地際部の茎は黒褐色に変色する。④葉に幅1 mm程度の黄色の条斑が葉脈に沿って現れる。⑤主に穂に発生する。乳熟期ごろから小穂がやがて白くなり枯れる。

29　解答▶①　★

②米と混ぜて食用とするほか、加工用として利用される。③菓子やめん、パンなどタンパク質（グルテン）含有量や粉の性質によって用途は様々である。④黒パンの原料、醸造用原料として利用される。⑤オートミールなど食用のほか、飼料用となる。

30　解答▶③　★

①デントコーン、②ポップコーン、④ワキシーコーン、⑤フリントコーンの子実の構造を示している。硬質デンプンはタンパク質を含んだ半透明のかたいデンプン、軟質デンプンはタンパク質を含まない粉状のデンプンをいい、7種に分けられる。

31　解答▶③　★

①土壌中の吸肥力が強いため、やせ地でもかなりの収量があり、多肥による増収効果も高い。②雌穂重比は密度が高まると雌穂への養分の分配率が低下するので、一雌穂重が軽くなる。④膝高期は幼穂形成期頃にあたり、最後の中耕培土と組み合わせた追肥の適期である。⑤乳熟後期～糊熟期は生食用の収穫適期。サイレージ用は黄熟期、穀実用は成熟期（粒がろうの硬さで苞葉が黄化した時）が適期となる。

32　解答▶④　★★

①通常条件では、茎の最上段の雌穂が最も優勢になる。②倒伏軽減や労力削減のため、分げつは除去しないことが多い。③子実の糖度は光合成産物が転流する朝方が高くなる傾向がある。⑤風媒花で、自家受粉しないこと、雄花と雌花の開花がずれるため、複数条で栽培することが望ましい。

33　解答▶⑤　★★★

①雄穂が伸び出す頃から被害が出やすく、受粉が終了したら雄穂を除去する方法は被害を軽減する効果がある。②雌穂に甚大な被害を及ぼす害虫であり、雄穂が出る頃や茎等に被害が見られた場合、雌穂にも被害が出る場合が多い。③虫ふんが出ている所は、食入孔であり、被害の早

期発見につながる。④茎が食害を受けると、雄穂が白くなる場合がある。

34　解答▶③　★★

①好適な土壌 pH は6.0〜6.5である。②ダイズは連作を嫌うので、イネ科作物やいも類などと輪作を行う。④湿害条件下では根粒の着生や活性が阻害される。⑤施肥は標準として、窒素３ kg（１〜３ kg)、リン酸８ kg（５〜10kg)、カリ８ kg（５〜８ kg）とする。

35　解答▶②　★

①発芽適温が30〜35℃で、生育適温は22〜27℃である。③中耕は、除草効果、地力窒素の発現促進、排水促進効果があり、培土は倒伏防止、不定根発生による養分吸収の促進などの効果があるが、近年は除草剤の活用によりこれらの作業を行わない栽培例もある。④ダイズの摘心栽培は、分枝の増加や過剰生育抑制効果がある。⑤根は直根性であるが、ポット育苗等、根を傷めないように移植すれば、移植栽培は可能である。鳥害防止や低温時の発芽促進等で移植栽培は実用化されている。

36　解答▶⑤　★★

①倒伏は汚粒が生じやすい。②莢が高い位置（最下着莢高）に付く品種の方が収穫ロスは少ない。③収穫時期が遅いと作業時に粒が弾けやすくなる。④茎水分が50％以下になった時に収穫する。

37　解答▶④　★★★

わい化病は病徴によりわい化型、縮葉型および黄化型に分けられる。写真は黄化型。黄化型の一般的な病徴は、頂葉がわずかに退色・黄化して、葉片は小形となり裏面へ巻きこむ。①種子、葉、茎、莢等に紫色の斑点を生ずる。②地際部の茎を侵害し、白色絹糸状の菌糸に覆われる。③根や地際部の茎に赤褐色の条斑を生じ、全体が赤褐色になる。⑤は株全体が活力を失い、水不足のように萎凋して枯死する。

38　解答▶②　★★★

①葉面積の維持期間の差異によるもの。暖地よりも寒冷地が多い。③収穫後２〜４か月は塊茎内部のジベレリン濃度の低下や休眠物質の蓄積などにより生長を停止した状態である。④二次成長は窒素の遅効きや土壌の乾湿により発生しやすい。⑤虫媒、他家受粉である

39　解答▶①　★★

②収穫後２〜４か月の塊茎内部のジベレリン濃度の低下や休眠物質の蓄積などにより生長を停止した状態は内生休眠期間である。③褐色心腐は生育途中の高温乾燥や急速な肥大等により、中心部に亀裂・褐変する生理障害である。④ジャガイモの可食部は茎なので塊茎という。⑤種いもから芽が出ることを萌芽、地面から芽が出ることを出芽という。

40　解答▶④　★

①除茎（芽かき）は小さいいもが減り、大きいいもが増えるので強健な茎を２〜３本残して除茎する。②種いもから直接出根しない。地中の茎の各節から５〜６本の根が発生する。③種いもは病気に弱いため、自家採種は行わず無病健全なものを購入して用いる。⑤浴光催芽は植付け約３週間前から雨のあたらない場所に広げて芽の長さが0.5〜１ cm 程度になるまでとする。

41　解答▶④　★★

①土壌の通気性・通水性の改善、倒伏防止、塊茎の露出による緑化防止のための重要な作業である。②最後の土寄せは着蕾期頃までには終える。③土寄せは出芽２週間後くらいに行う。⑤雑草を抑制する。

42　解答▶⑤　★★

①収穫適期は開花終了後約50日頃の茎葉が黄化した後である。②北海道における大規模圃場では専用収穫機（ポテトハーベスタ）を使用する。③収穫後は湿度80～95％で貯蔵する。④いもの糖度は貯蔵中にでんぷんを酵素によって分解・消費するため上昇する。

43　解答▶④　★

黒あざ病は葉の頂葉部に写真のような症状が現れ、ウイルス病の葉巻病は下葉が葉巻状となり、やや黄化する。萌芽時から発生し、生育が進むと頂葉が小形となり、次第に葉巻き、紫紅色を呈するになる。①地面に接する部分の葉が溶けたようになり、進行すると茎も溶けたように腐敗し、株元が黒ずむのが特徴。②葉に輪紋のある黒褐色の斑点を生じ、次第に拡大する。③暗緑色で水浸状の病斑が現れ、葉裏に白い霜状のかびを生じる。⑤成虫は葉の表面を点状に食害する。

44　解答▶①　★★

②比較的低温（平均気温18～20℃）で曇雨天の日が続くと、次々に感染を繰り返してほ場全体に急速に広がる。③感染した植物体では、葉の一部に暗褐色の病はんが生じ、葉の裏側の緑色健全部病はんとの境界付近に白色霜状のかびが密生する。④菌の付着した塊茎を貯蔵すると、隣接した塊茎にも感染が広がる。⑤ヨトウムシが媒介するのではなく、降雨によって地上部の菌が地表面に流出し、地下部の塊茎表面に達すると塊茎が腐敗する。えき病の防除には、無病のたねいもの使用、前年度の塊茎の処理で１次発生源の根絶、抵抗性品種の利用や多窒素や過度な密植を避けるなどの耕種的な防除が重要である。

45　解答▶③　★★

写真はジャガイモの培土作業を行う作業機械ポテトプランターで、通常萌芽期から着蕾期に行う作業である。播種（植付け）を土寄せと同時に行う。

46　解答▶①　★★★

農林水産省「令和２年度いも・でん粉に関する資料」によると、①デンプン用752,173t、②生食用583,765t、③加工食品用565,914t、④種子用116,823t、⑤飼料用2,602t。ジャガイモのデンプン粒は比較的大きく品質が良い。片栗粉として使われているのは、ほとんどがジャガイモデンプンである。

47　解答▶③　★★

葉序とは葉が主茎や側枝につく際の配列のしかたである。2/5互生葉序とは、ある節の葉から順にたどると茎を２周して葉が５枚ついていて、６枚目が最初の葉の直上にくることを表している。１枚目の葉と２枚目の葉との開度は144°である。

48　解答▶②　★

蒸し切り用品種は干し（蒸し切り干し）用のサツマイモのことである。①アルコール（焼酎）用は、高デンプン含量で、多収の品種がよい。③焼き芋用は、大きさが適度で、形状、揃いがよい品種がよい。④菓子用は、加工形状、製品歩留りがよく、加工時の変色が少ない品種がよい。⑤デンプン用は、デンプンの白度が高いことが求められており、変色する原因の一つであるポリフェノール含量は低いほうがよい。

49　解答▶③　★★★

収穫後、貯蔵前にキュアリング処理を行うと、塊根の表層にコルク層が形成され、貯蔵性が向上する。処理温度は30～32℃、湿度95％以上が適当であり、キュアリング処理後の貯蔵適温は13～15℃で、湿度は95～100％がよい。

50　解答▶①　★★★

1,000倍希釈の殺虫剤を50L作るには、50,000ml ÷ 1,000 = 50ml、200倍希釈の殺菌剤を50L作るには、50,000ml ÷ 200 = 250ml必要となる。

選択科目［野菜］

11　解答▶①　★

①ナス（ナス科）、②スイートコーン（イネ科）、③レタス（キク科）、④ブロッコリー（アブラナ科）、⑤カボチャ（ウリ科）

12　解答▶⑤　★

①イチゴ（バラ科）、②ジャガイモ（ナス科）、③トマト（ナス科）、④ネギ（ユリ科）、⑤ダイコン（アブラナ科）

13　解答▶④　

①③は種子が給水したあとであれば、いつでも低温にあうと花芽分化する（種子春化型）、②⑤は一定の大きさ以上になった苗が低温にあうと花芽分化する（緑植物春化型）

14　解答▶④　

子葉展開期に台木と穂木の胚軸に切れ込みを入れつなぎ合わせ、接ぎ木面が活着後、それぞれ切り離す接ぎ木の方法で、メロンやキュウリ、トマトなどで用いられる。

15　解答▶④　

雌しべは筒状に花柱をかこんでおり、開花時に雌しべの柱頭が伸び受粉しやすい構造になっていて、風や振動でも受粉が促される。①開花後、受粉し受精するまでに1～2日かかる。②振動や昆虫などによっても受粉が促される。③ミツバチはトマトの花に蜜がないので利用せず、マルハナバチを使う。⑤ジベレリンは空洞果防止に効果がある。

16　解答▶①　

①果頂部が黒褐色となる。カルシウム不足や高温、土壌乾燥、窒素の過剰施肥など、さまざまな発生要因が重なって生じる。
②空洞果の発生原因である。日照不足等でも発生しやすくなる。③乱形果の発生原因である。窒素肥料の過

多を避け、温度管理に注意して予防する。④裂果の発生原因である。⑤チャック果の発生原因である。

17　解答▶②　★

トマトの着果促進は、合成オーキシンの4－CPAが有効である。③サイトカイニンは細胞分裂を促進、④アブシジン酸は樹木の芽の休眠に、⑤エチレンは落葉・落果に関与する植物ホルモンである。

18　解答▶⑤　★

①ニンジンやレタスの露地野菜を含め多くの野菜で発生する。②高温・乾燥条件で発生が増加する。④多肥栽培、それに伴う軟弱徒長で発生の条件となる。④果実にも発生し減収を招く（一例としてイチゴ）。

19　解答▶②　★★

受粉・受精が行われず、種子ができなくても果実が肥大する単為結果性が強い。

20　解答▶③　★★

写真は節なりのキュウリで、雌花が本葉の付け根の部分に連続して着果する。飛び節のキュウリでは、節によっては雄花が着生して雌花が飛び飛びに着果する。

21　解答▶②　★★★

葉脈間黄化がみられるので、マグネシウム欠乏であると考えられる。対策として、速効性の硫酸マグネシウムを施用する。

22　解答▶①　★★

一般的にイチゴは10～17℃の低温と12時間以下の短日条件で、花芽を分化するようになる。また、窒素肥料の抑制でも花芽分化が早まる。

23　解答▶③　★★

鶏冠果は花芽が分化する時期の主として窒素の効き過ぎによって発生が助長される。従って、ほ場の多湿・乾燥は対策としては不適。電照時間の延長も直接の効果は期待できない。夜間温度は高めたほうが改善につながる。

24　解答▶③　★★★

土壌伝染と苗伝染（潜在感染）によって拡がり降雨や頭上灌水による水滴の跳ね上がりにより二次伝染する。①②糸状菌が原因であり28℃前後が生育適温。④発病後の薬剤による防除対策はなく発病株は見つけ次第抜き取りほ場外に持ち出す。⑤pHの低いほ場で発生しやすい。

25　解答▶③　★

①分げつで生産した養分は自らの成長だけでなく、主稈にも送り、雌穂の発育を助ける。②無除けつ栽培は発根数が増え、倒伏しにくくなる。根量や葉面積が増加し、養分吸収と光合成が盛んになる。③葉がすべて出揃うと光合成産物20～75％以上が雌穂の登熟のために使われ、その供給量は雌穂がつく節位の葉や上位葉で多い。これらの葉を傷めると雌穂の肥大が著しく損なわれる。④除房による増収効果は5％前後といわれており、省力化のため除房しない放任する栽培法もある。⑤短日植物で低温・短日で花芽分化・開花が促進される。栽培では温度の方が重要とされる。

26　解答▶⑤　★

①雄穂の花粉が風で飛散する風媒花である。②早どり栽培する場合はセルトレイ苗の移植栽培利用が多く、また機械移植栽培ができる。③アワノメイガ、アワヨトウなどが加害する。④気温が低い早朝に収穫して、その後予冷して出荷するとよい。⑤除雄という。アワノメイガ防除のためには雄穂を開花前に数株に1本にしてもよい。

27　解答▶②　★★

①午前9時頃までに行う。②雄花は同株、他株、他品種とも受粉は可

能である。ただし3倍体は普通種（2倍体）の花粉を使う。③花粉は水にぬれると死滅する。④花粉発芽のためには最低15～16℃に保温するとよい。⑤花粉の寿命は短いので、当日開花した雄花を使う。

28　解答▶①　★★★

つるぼけは、窒素肥料が多くてつるの伸長（栄養成長）が盛んになり、果実の不着果が発生することをいう。

29　解答▶③　★★

①定植当日はポットに十分なかん水を行う。②基本的に12～14節の側枝を残す。④交配前日または当日までに済ませておく。⑤縦ネット発生開始期までに終わらせる。

30　解答▶②　★★

①ネギの根は、他の野菜に比べて本数が少なく、分布が狭い。③ネギの根は乾燥には強いが、湿度が高いと酸素不足による湿害を受けやすい。④ネギは酸性に弱いので苦土石灰等を施し、pH6.0 - 7.0にする。⑤ネギは通気性のよい壌土、砂壌土に適している。

31　解答▶③　★★

①－8℃前後になると地上部が枯れる（地下部は耐えることができる）。②④5℃以下、25℃以上で軟白が進みにくくなる。⑤35℃以上の高温になると成長は緩やかになりやがてとまる。

32　解答▶⑤　★★

①レタスは高温で抽苔が誘発されるので効果は期待できない。②草丈の低い野菜全般に適用できる。③べたがけには通気性のある資材を用いるのが要点の一つ。④風で剝がれないように裾は確実に固定する。

33　解答▶①　★★

ハクサイは冷涼な気候を好み、根は細く広い分布である。吸水種子は一定の低温にあうと花芽分化する。

34　解答▶①　★★

秋まき栽培では、大きな苗を植えたり、冬期に生育が進みすぎるとトウ立ちしやすくなる。また、窒素不足でもトウ立ちしやすくなる。③⑤はトウ立ちを防ぐ栽培管理とは、直接関係がない。

35　解答▶③　★★

球が肥大し終わると葉が枯死して休眠に入る。外気が17℃以上になると休眠が打破され、ほう芽してくる。

36　解答▶①　★

②は不整形花蕾、③はリーフィー、④はブラウンビーズ、⑤はアントシアニンの発生要因

37　解答▶③　★★

「みの早生ダイコン」は耐暑性があり夏に収穫できる品種である。②「青首ダイコン」は、成長により根の部分が地上にせり上がってくる抽根性が高い。④「三浦ダイコン」は抽根性が弱いので、耕土の浅い土質には適していない。⑤「練馬ダイコン」は根の上部が白色の白首ダイコンである。

38　解答▶③　★★

①ホウ素欠乏で根の表皮がサメ肌、内部が褐変する。②「みの早生」は肥大が早くす入りしやすい品種である。③岐根は土壌害虫が主根の伸長をさまたげ発生することもある。④種まき直前の施用が原因となることもある。⑤収穫が遅れると発生しやすい。

39　解答▶②　★★★

①発芽率が低いため、厚まきし、間引きで株間を調整する。③10℃以下の低温では発芽が遅れる。④晴天が続いて乾燥した土壌では発芽率、発芽揃いが悪くなる。⑤ニンジンでは移植栽培を行わない、

40　解答▶④　★★

不整形種子を天然物成分で被覆造粒した種子である。この種子は、高価であるが種子の粒径が均一化されているため機械播種がしやすく、播種作業の省力化につながる。

41　解答▶④　★★

①②野菜の品質低下の原因である呼吸では、成分の損耗、軟化、変色、変質が起こり、温度調節や環境ガス調節、薬剤処理で抑制される。③④蒸散では、しおれ、変色、肉質の劣変が起こり、低温処理、湿度調節、包装で抑制される。⑤微生物では、腐敗、病原菌の感染が起こり、低温処理、環境ガス調節、薬剤処理で抑制される。

42　解答▶①　★★

キスジノミハムシは数 mm の大きさの成虫が葉を食害して小さな穴をあける。幼虫は根部の表面を食害する。

43　解答▶①　★★

②⑤物理的防除方法、③④耕種的防除。

44　解答▶④　★★★

アブラムシ類やコナジラミ類は、黄色に集まる性質があるため、これを利用した粘着トラップで捕獲することができる。アザミウマ類には青色を用いる。また、アブラムシ・コナラジラミ・アザミウマなどはキラキラ光るものを嫌う性質があるので銀色の光反射マルチで覆うことで害虫の飛来を防止する。

45　解答▶②　★

土壌表面に施用して出芽前の雑草種子、幼芽や幼根などから殺草要素を吸収させて枯殺させる。①摂食によって害虫体内に取り込まれ、中毒症状を起こす殺虫剤、③散布などにより薬剤が害虫体表に付着・吸収されて体内に入る殺虫剤、④薬剤を気化させて、害虫の呼吸器系から吸収させる殺虫剤、⑤除草剤のタイプの一つ。

46　解答▶②　★★★

①気化冷却の説明である。③灯油やプロパンガスを燃焼したときに発生する熱を暖房に利用することはできるが、酸素濃度低下による不完全燃焼と一酸化炭素ガス発生の危険があるので外気を取り込んで燃焼させる装置が望ましい。④電照栽培の説明である。⑤温湯暖房機で天然ガスやプロパンガスを利用する場合は、排気ガスの不純物が少なく、二酸化炭素施用に利用することができる。

47　解答▶⑤　★★

細霧冷房は細かい霧を施設内で気化させ、周囲の空気を直接冷やす装置で、施設園芸の日中の冷房として使用される。

48　解答▶⑤　★★

ロックウールや有機培地などを、フィルムでくるみ培地として利用する養液栽培をバッグカルチャーと呼び、土壌伝染性（養液伝染性）の病害を受けにくい養液栽培である。

49　解答▶②　★★★

①軟腐病は高温多雨条件、③青枯病は高温条件、④うどんこ病は乾燥条件、⑤輪斑病は高温多雨条件で発生が助長される。

50　解答▶④　★★

自走式のネギ収穫機（1条掘り）で、うねを崩し・掘り取り・根の土落としを一連で行うことができる。

選択科目［花き］

11　解答▶④　★★
アジサイは酸性土で青色に、アルカリ性土で赤色に変化する。酸性土ではアルミニウムが溶け出し、アントシアニンと結合して花色が青色になる。アルカリ性土ではリン酸の吸収量が増加し、赤色になると考察されている。

12　解答▶④　★★★
二年草は播種から開花・結実・枯死までが1年以上2年以内の草花で、他にもジギタリス、ビジョナデシコなどがある。

13　解答▶①　★
採取場所や保存状態で一定ではないが、酸性の強い用土を順に並べると、水ごけ・ピートモス・鹿沼土＞赤土・腐葉土＞バーミキュライト＞パーライトである。

14　解答▶⑤　★★
アルカリ性を好む草花には、シネラリア、ゼラニウム、ガーベラ、スイートピー、サボテン類などがある。

15　解答▶②　★★
フロリバンダ ローズ（中輪・房咲き・四季咲き・木立性）は、ハイブリッドティー ローズ（大輪・四季咲き・芳香・木立性）と日本のノイバラを交配親として作出された小輪・多花性のポリアンサ ローズを交配して作出された系統である。

16　解答▶⑤　★★★
暗発芽種子である。営利的には種子で繁殖させる。原産地は地中海東部沿岸である。夏の暑さに弱く、冬の寒さに強い。葉組作業によって品質が向上する。

17　解答▶④　★
キク茎えそ病はウイルスが原因で発生する。①シクラメンいちょう病と③カーネーション立ち枯れ病はフザリウムという糸状菌、④根頭がんしゅ病は細菌、⑤スイセン軟腐病は細菌が原因である。

18　解答▶②　★★★
ジニア（ヒャクニチソウ）はキク科の一年草で八重咲と一重咲があり、花壇材料や切り花として利用される。

19　解答▶③　★★★
ベゴニア センパフローレンスは日長条件に対しては中性で、一定の温度が保たれれば周年開花する。耐暑性、耐寒性ともに弱い。

20　解答▶⑤　★★
プリムラ類は代表的な明発芽種子である。①～④は暗発芽種子。明発芽種子の種まきでは覆土をしない。

21　解答▶⑤　★
1Lの水に1gの薬剤を溶かした薬液が1000倍液である。500倍液は1Lの水に2gの薬剤を溶かした薬液である。この500倍液を300L作るには、2g×300＝600gが必要である。

22　解答▶②　★★
①農林水産大臣に出願する。③「登録品種」の文字、「品種登録」の文字および番号、PVPマークのいずれかを、種苗または種苗の包装に付けて表示する必要がある。④育成者権者が海外持ち出し禁止や国内栽培地域を制限といった利用条件を付した場合、登録品種であることの表示とともに、その条件を表示する必要がある。⑤インターネットでも販売可能であるが必要事項を適切に表示する義務がある。

23　解答▶④　★★
花きの切り花産出額はキクが537億円、ユリ176億円、バラ137億円の順である。出荷量はキク（40.0%）、カーネーション（6.3%）、バラ（6.2%）の順である。

24　解答▶④　★

クワ科イチジク属の常緑高木。原産はインド・マレー地方。
インドゴムノキは主にインドが原産の常緑高木。インドゴムノキを基本種として多くの園芸品種が作り出されている。枝変わりで20～30cmの大きな楕円形の葉をつけるデコラゴムノキがインドゴムノキとして主に流通している。

25　解答▶①　★★★

グラジオラスは非耐寒性球根で、アフリカ、南ヨーロッパ、西アジアなどに200種前後が分布し、多くの種は南アフリカにある。春に植え付けて夏の開花後、秋に掘り上げて保存する。中性から弱アルカリ性の土壌を好むため、植え付け前に石灰を施肥するとよい。

26　解答▶①　★★

写真の花きはハイビスカス。

園芸品種は主に3系統に分けられ、花は大輪で花色の変化に富むが性質が弱いハワイアン系（ニュータイプ）、花はやや小さく花色の変化も少ないが丈夫な在来系（オールドタイプ）、花が小さく樹高が高くなり、暑さに強い反面、寒さにやや弱いコーラル系がある。コーラル系以外は30℃を超える暑さでは花が少なくなり、特にハワイアン系はほとんど開花しなくなる。世界にはハイビスカスの園芸品種は1万種近くあるが、ハワイアン系の品種がほとんどを占める。

27　解答▶②　★

植物ホルモンのオーキシン類は発根を促す働きがあるため、オーキシンに属するインドール酢酸、インドール酪酸、ナフタレン酢酸などをもとにした製剤が用いられる。

28　解答▶③　★★

花き栽培にとって夏の高温期の管理が花きの品質を左右する。冷房装置の使用や換気扇、寒冷紗による遮光などが行われている。

29　解答▶①　★★

STS（チオ硫酸銀錯塩）は銀を主成分とするエチレン阻害剤で、エチレンの作用や生成を抑制して、エチレンによる老化を防ぐことで日持ちを向上させる。植物のエチレン感受性により効果が異なり、感受性の低いキク等では効果は低い。前処理剤として収穫直後の水揚げで使用することで効果が高い。

30　解答▶⑤　★

ハボタンはアブラナ科の一年草で耐寒性にすぐれ、厳寒期でも枯死しないため、冬季の花壇植え込み材料に適する。

31　解答▶④　★★

ラン類は無胚乳種子で、種子繁殖のためには調整された培地に無菌播種をする必要がある。対象によって組成の成分は変化するが、土の代わりに寒天、栄養源として肥料とショ糖が必要である。

32　解答▶②　★

ラン類では茎頂からの栄養繁殖によって個体を大量に生産する技術が開発され、メリクロン繁殖とよばれる。この技術によってラン類は入手しやすくなり、大衆花となった。

33　解答▶③　★★

開花期により、5～6月に開花する夏ギク、7～9月に開花する夏秋ギク、10～11月に開花する秋ギク、12月～翌年1月に開花する寒ギクに大別される。花芽分化の要因は開花期により異なり、夏ギクは温度、夏秋ギク・秋ギクは温度と日長時間、寒ギクは日長時間が要因となる。特に寒ギクは「絶対的短日性」で、秋分の日以降で日長時間が11時間より短くなったころに花芽分化が始まり、12月中旬ごろから開花する。夏ギクは高温で開花が促進され、夏秋ギクは短日条件で花芽分化する。

34 解答▶③ ★★

③はチューリップの球根である。開花後分球する。開花に十分な大きさの球根内には夏に花芽を形成してから休眠する。他は球根から発芽後の生育途中に花芽を形成する。

35 解答▶④ ★★★

パンジー、ビオラは秋まき一年草で、発芽は比較的涼しい17℃前後が適温である。近年秋口に早出しする傾向があることから夏の高温期に種まきをする場合が多い。早期出荷のために人工気象装置を利用したり、高冷地で種まきや育苗を行う。

36 解答▶① ★★★

アザレアは日本原産のツツジをヨーロッパで改良したもので、ツツジ科に属する。ベンジャミンはベンジャミンゴムノキで木本類であるが観葉植物に分類される。

37 解答▶⑤ ★

大粒種子：アサガオ、キンセンカ、ジニア、スイートピー、ヒマワリなど。中小粒種子：サルビア、ストック、ニチニチソウ、マリーゴールドなど。微細種子：キンギョソウ、ケイトウ、パンジー、ペチュニアなど。

38 解答▶② ★

開花までの期間はさし木苗よりも短い。①種子繁殖の方が簡単で繁殖効率がよい。③台木とのゆ合で新品種はできない。④栄養繁殖の中で最も簡単な繁殖方法は株分けである。⑤草花では木本植物で行われる。

39 解答▶② ★

洋ランの花は進化して特殊な構造を持っており、(A) の花弁（ペタル）のほか、唇弁（しんべん）（リップ）、がく片（セパル）、ずい柱（コラム）から構成されている。バルブは偽鱗茎、偽球茎ともいわれ、茎の一部が肥大して形は種により様々だが、水分や栄養を蓄えており、バルブをもたないランも数多くある。

40 解答▶③ ★

セル成型苗は、セル成型トレイに種子をまいてできた苗で、根を痛めることが少ない。多額の設備投資が必要であるが、苗と資材を規格化できるので用土の調整・播種・発芽・育苗の各段階に専用の機械を用いた省力的な苗生産システムをつくられている。均質な苗を、計画的に大量供給できるので、大規模な共同育苗施設や種苗会社などの苗生産で活用されている。セル成型苗の普及で、生産者が行ってきた種苗生産が種苗生産者から購入されることが多くなった。

41 解答▶③ ★★

①ふつう、ノイバラの台木に接ぎ木した苗を購入して栽培する。②栽培床には、ピートモスやバーク、たい肥などの有機物を十分に入れる。③ロックウール栽培が普及している④株元から発生する太いシュートをベーサルシュートと呼ぶ。⑤四季咲き品種ではベーサルシュートは必ず摘心する

42 解答▶④ ★★

写真は、バラの黒点病の被害葉である。葉が黄変し、黒い斑点が出て最後には葉を落としてしまう病気である。梅雨と9月に多発し、雨で伝染するので被害葉をとって殺菌剤を散布して防除する。

43 解答▶② ★★

写真のキクの葉の被害は、白さび病である。白さび病は、はじめは葉の裏面に白い小斑点ができ、ひどくなると表面にも黄色っぽいイボ状の病斑ができる。多湿を避け、繁殖は

無発病の親株を用いる。白さび病の病原菌は糸状菌（カビ）であるため、殺菌剤を散布する。

44　解答▶③　★★

スリップス（アザミウマ）は主に花に寄生し、花びらから吸汁し、花や果実に傷つけて商品価値を低下させ甚大な被害をもたらすとともに、ウイルス病を媒介することもある。

45　解答▶②　★★

写真の球根はユリであり球茎類に分類される。①はアルストロメリア、③はシクラメン、④はスイセン、⑤はナデシコ類である。

46　解答▶①　★

バラは中性植物で、開花に日長時間の影響を受けない。②ダリア、③ケイトウ、④ポインセチアは短日植物。⑤カーネーションは長日植物。

47　解答▶①　★

写真は観葉植物のポトスであり、原産地は東南アジアの熱帯・亜熱帯である。ポトスはつる性の着生植物で、熱帯地方では大きな木に這い上がるように育つ。一般に鑑賞しているのは幼葉で、成葉になると羽状に切れ込みが入る。ミニ観葉から大鉢まで観葉植物として楽しめる。

48　解答▶③　★★

フラスコ内の環境から外的環境に慣らすことを順化といい、馴化ともいう。フラスコ内の環境は、蛍光灯の弱光、多湿、適温であるため、徐々に光量、湿度、温度を調整して外的環境に慣らしていく必要がある。

49　解答▶③　★★★

カーネーションのつぼみが太く大きくなり、花弁を包んでいるがくの一部が縦に裂け、花が咲くときに花弁がはみ出す「がく割れ」は、カーネーション特有の症状で、低温、昼夜の温度差、濃度障害などが原因で発生する。がく割れしそうなつぼみは、がくのまわりを糸で巻いておくと割れずに咲いてくれる。

50　解答▶⑤　★★

真の光合成速度は、植物が光合成したすべてを指す。そこから呼吸で失った分を引くと、見かけの光合成速度となる。

選択科目［果樹］

11　解答▶⑤　★★

②同じ品種同士の交配では結実しないこと。③受精するため種子が形成される。④異なる品種間の交配により種子ができて結実すること。

この専門用語は必ず出題されるものであり、その意味を理解することが重要である。果樹は、おしべの花粉がめしべ（柱頭）につき、受粉・受精すれば結実するのが原則である。しかし、その例外が⑤、②、①である。⑤の単為結果とは、単為＝単独で結実する、すなわち、おしべの受粉がなくても結実・肥大する現象である。しかし、子孫を残す種子はできない。受粉・交配関係の「家」とは「品種」の意味である。また「不和合」は、仲が悪い、すなわち受粉しても結実しないという意味である。ナシやオウトウは、②の自家不和合であり、異なる品種の交配でないと結実しないが、一部の品種では他品種の花粉でも結実しない例外がある。この、ある特定の品種間の受粉で結実しないことが①他家（交雑）不和合性である。

12　解答▶②　★

花芽分化は、樹体内のC—N率（炭素と窒素の関係）で決定し、光合成物質であるC（炭素）の割合が高いと花芽分化（生殖成長）が促進される。逆に肥料成分である窒素が樹体内に多いと枝葉の成長（栄養成長）が盛んで、花芽分化が少なくなるのが原則である。果樹では、光合成によって生産された炭水化物が樹体内に多く溜め込まれ、樹体内にある窒素成分と比較してある程度多くなると花芽を分化する。そのため、窒素肥料の大量施肥、着果過多などは花芽分化を少なくする。また、過剰な土壌水分や日照不足も花芽分化を抑制する。②多くの枝を切るせん定、強い切り返しの「強せん定」は樹勢が強い状態（窒素が多い状態と同じ）となり、花芽分化は少なくなる。反対に間引きせん定などの「弱せん定」は花芽が多くなる。①窒素を多く施すのは誤り。③結果過多は樹が衰弱し、花芽は少なくなる。④水分が多いと肥料成分が常に吸収され、窒素過多で軟弱成長となる。⑤日光が少ないと光合成が減少する。

13　解答▶④　★★

果樹での樹体内「貯蔵養分」とは、一般的に落葉果樹における越冬養分のことあり、それは肥料成分でなく、光合成物質のC（炭素）のことである。果実が成っている間は、光合成物質が果実に使われ、樹が弱っている。そのため、果実収穫後、礼肥（少量の速効性窒素）を与えるなどして、樹を回復させて葉を健全に保ち、光合成を促すことで貯蔵養分を増加させることが基本で④が正解である。しかし、夏から秋の施肥による窒素成分の過多は、新梢伸長停止の遅れ、落葉が正常に行われなくなるなど、逆効果となる場合がある。また、春先の葉がまだ多くないときは貯蔵養分により生育しているため、前年の秋に作られた貯蔵養分量は非常に重要である。そのため、貯蔵養分を無駄にしないためには、春の管理の芽かき、摘花などをできるだけ早くすることも大切である。③収穫時期を遅くすると光合成をする期間が短くなる。⑤芽出し肥は越冬直後に施す肥料であり、貯蔵養分とは直接に関係しない。

14　解答▶①　★★★

生理的落果は、病害虫や強風が原因ではなく、内的要因で落果する現象である。結実後1、2か月頃の早期落果（ジューンドロップ）と収穫直前の後期落果がある。早期落果は、受粉を確実に行い、未受精果を少なくすることにより、落果を減らすことができる。また、着果過多が主原因であるため、適切な摘果が重要である。さらに、梅雨時の日照不足も関係している。②大量着果がまちがい。③樹勢が弱いと当然落果は多いが、樹勢が強い場合も光合成物質・肥料成分が茎葉の成長に使われ、落果が多くなる。④土壌が常に湿っていると、軟弱な成長、また根の活力の低下が起こりやすい。⑤害虫と落果は関係があるが、生理的落果とは直接関係ない。

15　解答▶③　★★

隔年結果において、結果の多い成り年は、果実数は多いが、果実が小さいため商品価値が低く、収益が少ない。逆に、着果が少ない年は、大きな果実であるが、数が少ないため、収益が少ない。このように隔年結果は、果樹生産者にとっては、よくない現象であり、隔年結果を防ぐ対策が重要である。①摘果等、適切な管理によって防ぐことができる。②成り年は摘果を早く行い、着果量を少なくする。④隔年結果の防止には着果調整、せん定が基本である。⑤病害虫とは直接関係しない。

16　解答▶⑤　★

果樹は果実を収穫するのが目的である。果実は光合成物質が蓄積したものであるため、日照時間が長いこと、排水が良好であることが重要である。温度は、日中の温度と夜間の温度差（日較差）が大きい方が、果実に光合成物質が蓄積しやすい。日当たりは、日照時間だけでなく、樹冠内に光を入れるせん定・樹形、樹園地の向き（東・南向きは日照が多い)、樹木間距離なども関係する。排水良好にするためには、暗きょ排水、土の団粒構造、高うねなどにする。夜間温度が高いと、呼吸が盛んとなり、昼間につくられた光合成物質の消費が多くなる。

17　解答▶①　★

世界のブドウは、雨の少ない西アジア原産で、品質は良いが雨（病気）に弱い欧州（ヨーロッパ）種と雨の多い北アメリカ東海岸原産で、高品質ではないが雨（病気）に強い米国（アメリカ）種がある。日本のブドウは、これらを交配して、雨に強く、品質の良いものを目指して独自に改良した品種が主である。しかし、欧州種と米国種のどちらの割合が大きいかにより、品質・栽培管理が大きく異なるため、栽培する品種の特性を知ることは重要である。また、４倍体品種は大粒である。
欧米雑種・４倍体品種の代表は巨峰であり、「ピオーネ」(巨峰×カノンフォールマスカット)、「藤稔」(井川682×ピオーネ)、「ルビーロマン」(藤稔の実生）などがある。②は２倍体欧米雑種であるが、「シャインマスカット」は欧州種に近い品種である。③は欧州（ヨーロッパ）種、④は米国系品種、⑤は日本での生食醸造兼用品種。

18　解答▶④　★

「太秋」「富有」はカキ、「ラ・フランス」はセイヨウナシ、「王林」「ジョナゴールド」はリンゴである。④のオウトウの他の品種には、「高砂」「紅さやか」等がある。①カンキツには、温州ミカン以外にイヨカン、ユズ、ナツミカン、ポンカン、ハッサク等がある。②他のリンゴ品種には、「シナノスイート」「シナノゴールド」「北斗」、③他のナシ品種には、「豊水」「新高（にいたか)」「あきづき」「新興（しんこう)」等がある。⑤生食用ブドウ品種には、「ピオーネ」「デラウェア」の他、問17に出題されている品種がある。

19　解答▶⑤　★★

モモの原産地は分かりにくいが、消去法で正解を求めるのもよい。①はブドウの米国種、②は熱帯果樹、③はブドウの欧州種、④は品種改良によりキウイフルーツが商品化された国である。モモは中国の黄河上流の高原地帯が原産地である。紀元前1～2世紀にシルクロードを通ってヨーロッパに、16世紀にはアメリカ大陸に伝わった。日本には紀元前2～3世紀に伝わったが品質は良くなかった。その後は花の観賞用として利用され、現在の果実生産品種の多くは、明治初期に中国から導入されたものを品種改良などによって育成したものである。

20　解答▶③　★

リンゴの摘果は必須作業で、効果としては果実肥大促進のほか、着色や食味の向上、着果過多による隔年結果の防止、樹勢の維持などがあげられる。なお、作業の省力化を図るため、薬剤散布による摘果が実用化されている。①摘果は着色向上、食味向上効果がある。②1回ではなく、数回に分けて実施する。④中心果を残し、側果を摘果する。⑤薬剤摘果も併用する。

21　解答▶④　★★★

ブドウは雨による病気に弱いため、ハウス（温室）、簡易被覆（トンネル）栽培、傘かけ等を行う。傘かけは房に雨がかからないようにすることが最大の目的であるが、降雨の多い地域では、傘でなく、簡易被覆等が主である。最近は傘の材質が進化することにより、病気軽減の他に、日焼け防止、着色向上、湿気の軽減、アブラムシ防除効果など、さまざまな目的で利用されている。袋も果実が直接雨に当たらないことで、病気軽減効果があるが、傘と比べて果実への光が少ない。

22　解答▶②　★★★

①落葉果樹の植え付け適期は晩秋～初春の落葉期である。③植え穴はできるだけ大きく掘る。④接木苗は接ぎ木部が地上部に露出するように植え付ける。⑤雨天時の植え付けは土壌がダンゴ状に固まって根と密着しにくく、植え傷みを生じやすいので避ける。植付け時、他に注意すべき点として、「有機物を入れる場合は完熟したもの」「苗が沈み込まないような工夫」「排水向上のために暗きょ排水」「盛り土に植える」「根の消毒」「痛んだ根は切り戻す」「根と土を密着させる」「必要とする長さに切る」「苗が揺れないように支柱をする」等がある。

23　解答▶②　★★

果実（果粒）の肥大は最初に細胞数の増加、後に個々の細胞が大きくなることによる。そのため、できる限り早い時期に果粒を減らすことで、一粒に届く養水分が増え、細胞分裂が盛んになり、粒が大きくなる。③粒が大きくなり、圧迫状態になると裂果や小支柄（小果穂）浮き上がりもある。④ブルームは手で触ると落ち、商品価値が低下する。⑤最終粒数は品種や目標房重により異なる。大粒なブドウにするための基本は、「着粒数を多くしない」「早い時期に摘粒を行う」ことである。そのため、第1回目のジベレリン処理後、着粒が確認できれば、第2回目のジベレリン処理までに摘粒を行うのがよい。また、小粒のうちに摘粒をすれば、作業効率も高い。

24　解答▶①　★★

せん定は受光体勢をよくしたり、

作業性を向上させたりするなど、多くの効果があるが、枝を切ることにより、結果数を調節し、隔年結果を防止することも大きな目的である。②頂芽優勢があり、上から出る枝は強くなる。③交差、重ね枝は日当たりが悪い。④徒長枝が発生しやすくなる。⑤車枝はその部分が弱くなるため、棚栽培を除いて避ける。その他のせん定の目的として、「風通しを良くして、病害虫を防ぐ」「切る枝の量の多少により樹勢を調節する」「枝を切ることにより、新しい枝の発生を促す」「農薬がかかりやすい形にする」等がある。

25　解答▶②　★★★

果実は収穫後、呼吸や蒸散をしている。その場合、果実温が高いと果実内の養分（糖分）を消費し、水分の蒸散も大きく、鮮度が低下する。そのため、収穫は、涼しい早朝か収穫後に予冷を行うのがよい。①暑い時間帯の収穫が誤り。②予冷をすれば、その後の保存状態が向上する。最適時間帯に収穫できない場合は、予冷を行うのがよい。⑤夕方収穫の果実は、水分が最も少ない状態である。

26　解答▶①　★★★

お礼だけでなく、貯蔵養分を貯めるために光合成をさせる重要な肥料のため、「秋肥」ともいう。②窒素成分が多いと二次成長等により枝が充実せず、落葉、貯蔵養分の蓄積が正常に行われない。また、冬の寒さに耐えうる枝とならない。③落葉してからでは遅い。④速効性の窒素を少量施す。⑤肥大中に与えると着色の悪化、味の悪化となる。

27　解答▶④　★★★

早生ウンシュウの収穫時期は原則10月中旬から、普通ウンシュウは11月下旬から、中晩生カンキツは１月以降である。晩生（おくて）の意味は、「おそい」であり、この場合、収穫時期が遅い、ハッサク、イヨカン、不知火（しらぬひ・デコポン）などが当てはまる。
樹勢を維持して収量を安定させるためには施肥は重要である。果実が樹上に結実している期間が長いほど、樹の負担が大きくなるので、収穫時期が遅いカンキツほど施肥回数を多くする必要がある。収穫時期が遅い中晩生カンキツ類では年４回施肥を行うことが多い。

28　解答▶⑤　★

ブドウの無核処理は、ジベレリンの２回処理が基本であるが、無核化の向上、果粒肥大の促進のためにストレプトマイシン、ホルクロルフェニュロンを併用することがある。ジベレリンは、１回目の処理で無核化・着粒安定（花ぶるい防止）効果、２回目の処理で果粒肥大効果がある。最近、人気のある「シャインマスカット」は、ジベレリン単用処理だけでは完全無核になりにくく、種がある粒ができやすいため、消費者からのクレームがある。そのため、他の品種も含め、ストレプトマイシンは無核率向上のために併用されている。なお、ブドウに用いるストレプトマイシンは、農薬の殺菌剤として販売されている。ホルクロルフェニュロンは、合成植物ホルモンのサイトカイニンであり、別の商品名で販売されており、果粒肥大促進のほかに着粒安定、花穂発育促進などの効果がある。

29　解答▶②　★★

果樹で⑤の実生繁殖で種（種子）をまいて育成したものは、親より劣る品質の果実となるものがほとんどである。そのため、品種改良・台木の養成以外は、台木を用いた接ぎ木による栄養繁殖が一般的に行われる。台木を用いた接ぎ木繁殖では、遺伝的に同じ個体を一度に増やすことができる、樹勢の調節、結実開始年数の短縮や病害虫の被害軽減などの利点がある。①③④も栄養体繁殖であるが、①さし木はリンゴやナシなどの多くの果樹で発根が困難である。ブドウはさし木繁殖が容易であるが、根に寄生するフィロキセラの害の歴史もあり、果樹栽培には接ぎ木苗を使う。③取り木は枝の途中から発根させるもの。④株分けは、ひこばえの利用も含めるが、主要な果樹では困難なものがほとんどである。

30　解答▶②　★★★

昔からの大木仕立て（変則主幹形・開心形）はマルバカイドウ（小さな果実の野生的リンゴ）台木に接ぎ木をしたものである。現在主流であるわい化仕立ては、M.9やJM 7などの台木に接ぎ木したもので、樹がコンパクトであるため、密植とし、早期に収量を確保するため、細長い主幹形を目標に仕立てる方法が一般的である。また、マルバカイドウ台木を利用した普通栽培樹（大木仕立て）に比べ樹勢が落ち着くのが早い。わい化（矮化）の「矮」は「小さい」との意味であり、台木により樹は小さくなるが、果実の大きさ等は全く変わらない。

31　解答▶④　★★★

果樹の枝の名称は、原則、太い方から主幹→主枝→亜主枝→側枝→結果枝である。地際から立っている幹を主幹、主幹から発生している太い立枝を主枝、主枝の付け根近くから枝分かれしている太い枝を亜主枝、主枝や亜主枝から発生している短い枝を側枝と呼ぶ。この図のAは主幹でなく、主幹から2分した主枝である。主枝や亜主枝は樹の骨格となる枝、側枝は果実が成る結果枝を発生させる枝である。

32　解答▶⑤　★★★

落葉果樹では落葉後に行う冬季せん定が主である。春から秋の葉のある時期の摘心・芽かき、捻枝、徒長枝の切除など、補助的に実施するのが夏季せん定（緑枝せん定）である。これにより受光体勢などが向上し、高品質生産に通じる。しかし、夏季せん定はせん定量が多過ぎると樹への影響が大きいので、適度に実施する。①芽かきや摘心はハサミを使わなくてもできるが、枝葉を減らすことであり、せん定である。④せん定はあくまで冬季せん定が主である。

33　解答▶②　★★★

せん定の種類には、枝の切る位置により、①の切り返しせん定と②の間引きせん定、枝の切る量により、③の弱せん定と④の強せん定がある。枝の発生位置や分岐部からすべてを切り取るのは、間引きせん定である。切り返しせん定は栄養成長を促す強せん定であり、間引きせん定は生殖成長を促す弱せん定である。③は弱せん定。④は強せん定。⑤はカットバック（台切り）。

34　解答▶④　★

①②の普通の溝（明きょ排水）に対し、目に見えない排水・溝が暗きょ排水である。③根による排水もあるが、暗きょ排水ではない。⑤排水は早いが、土壌も一緒に流亡する。果樹は排水性がよいことが重要であるが、果樹園内に溝や盛り土があれば作業が困難となる。そのため、土中に掘った暗きょ排水は果樹栽培にとって重要である。暗きょ排水は埋めたパイプ等が目づまりしやすいため、埋め戻すときにはもみ殻などを入れる。

35　解答▶①　★★

多くの果樹は、収穫間近になると着色や軟化等の変化が起き、収穫後すぐに食べることができる。しかし、セイヨウナシやキウイフルーツではその変化がなく、樹上で熟さず収穫しても可食できない。そのため、おいしく食べるためには収穫後に一定期間追熟させることが必要である。セイヨウナシは一般に予冷を行い15～20℃程度の室温で追熟させる。キウイフルーツはエチレン処理などを行い、一般家庭ではリンゴを一緒に袋の中に入れて追熟させることもある。バナナも追熟が必要なものとして扱われている。

36　解答▶①　★★★

春の芽の発芽は頂部優勢が影響しており、枝の先端から遠く低い位置の芽は発芽しにくい。特にブドウの場合は前年の新梢が旺盛な生育をした場合、芽が出にくい。そのため、頂芽からの発芽を抑制する物質（オーキシン）を遮断して芽を出やすくするために、枝に専用のハサミや糸ノコギリで芽傷を入れることがある。芽傷以外に主枝先を下げる方法もある。②弱く細い枝は、芽が出やすい。③根からの養分を遮断することは困難である。肥料養分の吸収を少なくするには、かん水せずに土を乾燥状態にする。④結果過多などで着色が悪い場合に、環状はく皮として実施される。⑤直接的な枝の徒長防止対策としては、枝を誘引により横に倒す捻枝がある。

37　解答▶③　★

キウイの特徴は「ニュージーランドで改良・育成」「雌株と雄株が別々にある雌雄異株（いしゅ）」「ツル性のため棚栽培する落葉果樹」「樹上で熟さないため、収穫後にエチレン等で追熟が必要」「果肉は緑、黄、赤の３色ある」などがある。①主力品種「ヘイワード」の果肉は緑色。②生理落果がほとんどないので、摘果が必要である。④果実は追熟しないと可食状態とならない。通常、出荷前にエチレンを処理した後15～20℃で追熟させている。⑤風による落果はないが、ツル性のため、棚で栽培する。

38　解答▶③　★★

ほ場に炭（粉炭、クンタン等）を撒いて太陽熱の吸収を高め、融雪促進を図ることで雪害防止や春作業がスムーズになる。また、雪の上に土を撒いても雪が早く消える。①炭やくん炭は土壌改良の効果が高いが、根から炭素は吸収されない。②病害虫とは直接関係しない。④団粒・脱臭効果はあるが、雪の上に撒く必要はない。⑤野ネズミの駆除・忌避効果はない。

39　解答▶③　★★

写真はニホンナシ「豊水」品種のみつ症（果肉褐変症状）で生理障害果である。一般的には収穫が遅れ過熟になるにしたがって多く発生する。「豊水」では未熟な果実でも発生が見られる。④リンゴの「みつ入り」とは全く異なり、みつ症は褐変をともない果肉崩壊するので商品にはならない。①ナシの日焼け果は果皮の色が濃くなり、硬くなるが発生は少ない。②カメムシ・夜ガ等の被害は、吸汁された部分がスポンジ状になり、果皮表面もくぼむ。⑤芯腐れも同様な症状であるが、発生は種子のある芯の部分である。

40　解答▶④　★

病斑の枝をブドウ園の外に持ち出し処分する方法は耕種的防除（栽培的防除）に該当する。最近はブドウ産地において黒とう病が問題となっており、薬剤を用いる化学的防除以外にこのような方法も行われている。その他の耕種的防除として、病害虫抵抗性品種の利用、草刈り、せん定などがある。①化学薬品(農薬)を利用するもの。②天敵利用、フェロモン剤利用など。③袋掛け、防虫ネット、誘ガ灯、放射線による害虫の不妊化、温湯処理など。⑤様々な防除法を組み合わせて農薬を減らし、環境や健康に配慮した合理的で安全な方法。

41　解答▶②　★★

写真は商品「コンフューザー」である。害虫の活動をかく乱するフェロモン剤に属する。フェロモンには異性個体を誘引するものがあり、対象害虫の雌が分泌するフェロモンを利用する。雄が雌に出会う機会を少なくすることにより、交尾を阻害して幼虫の発生密度を低下するものである。この形態のものにはリンゴ、ナシ、モモ（スモモ）など各果樹に適応したものがある。フェロモン剤は農薬による化学的防除法でなく、天敵と同じ生物的防除法である。そのため、「連続使用による農薬抵抗性ができにくい」「環境、健康面の安全性が高い」「有効期間が非常に長い」等の特徴がある。

42　解答▶⑤　★★

写真はそうか病である。いぼ型やそうか（かさぶた状）型の病斑が最大の特徴である。①～④はカンキツ以外の病名であり、黒とう病はブドウ、赤星病はナシやリンゴ等、落葉病はカキ、褐斑病はリンゴに発生する病気である。ウンシュウミカンの他の病気には、かいよう病、黒点病、灰色かび病などがある。

43　解答▶③　★★

リンゴ黒星病は果実、葉、枝に発生する。冷涼湿潤な気候下で感染しやすい。感染果実ではじめ黒色ス ス状の分生胞子による円形の病斑が見られるが、やがてコルク化し、亀裂を生じて奇形になる。落葉上の子のう胞子から第一次感染が起こり、感染病斑で形成される分生胞子から第二次感染が起こる。①ハマキムシは葉を巻き、葉の食害や時に果実も害するが、スス、黒い病斑ではない。②炭そ病の幼果時は陽光面に直径1 mm以下の赤色斑点が多数形成される。④うどんこ病は白い粉をかけたような症状。⑤カメムシの害は果実の吸汁された部分がくぼんで穴があくが、黒い病斑ではない。

44　解答▶①　★★

写真Aは縮葉病、Bはせん孔細菌病である。縮葉病は発芽後の若い葉が火ぶくれ状態となり、その後褐変して落葉する。せん孔細菌病は葉に水浸状の病斑ができ、その後赤褐色になってせん孔（穴があく）する。灰星病は花や果実に灰色のカビが生えて腐敗する。炭そ病は枝が侵されると葉が内側に巻く。黒星病は果実に薄い黒色の小さな円形病斑が生じる。

45　解答▶②　★

寒冷紗とは細かい網目状の布で、日射量を軽減（遮光）する。白と黒があり、黒は遮光率が高い。不織布も外見は似ているが遮光性は低く、縦横の網目でないため強度も弱い。夏季（りんご果実着色期）の高温や果実への直射日光により、果皮の色が白や橙色、褐色に変化することがあり、ひどい時には果肉も変質し商品価値が低下する。これをりんご果実の日焼けと呼び、温暖化の進行に伴い増加することが懸念されている。この対策として果実への強い日射をさえぎるための白寒冷紗を設置して日焼けの軽減を図っている。①④⑤鳥や風、害虫を防ぐことができるが、写真では樹上のみで、横が空いているため鳥害・風害・害虫対策ではない。③土壌を乾燥させるのは、水を通すが湿気は通さない特殊シートで、土壌表面に敷く。なお、黒の寒冷紗は日焼け防止効果が高いが、光合成が低下して着色・糖、品質の悪化となる。

46　解答▶⑤　★★

モモの核割れは果実の中心の種子を包んでいる硬い核（内果皮）が割れる現象で、日持ち性が悪く甘味も少ない果実となる。また、割れた内部が汚くなることが多いため、核割れを防ぐ栽培が重要である。モモなどの核果類の果実は、３つの発育段階の二重Ｓ字型成長曲線を描きながら発育する。開花後50日頃までは旺盛に肥大するが、硬核期に入ると果実の肥大成長が緩やかになり、核の硬化と胚（種子）の発育が盛んになる。その後硬核期が終わると成熟まで急激に肥大する。硬核期に急激な肥大を促すと核の肥大が間に合わず、縫合線にそって裂け目が生じたり、亀裂が入ったりする核割れがおきる。④双胚果は生理的落果や核割れが多い。①②は核割れの原因となる。

47　解答▶①　★★

テンシオメーターで土壌水分を測定し、かん水時期を判断することができる。① pF 値（土壌に吸着されている水の張力を示す値）、②土壌の温度（地温）は地温計で測定する。③土壌の pH は土壌酸度測定器（計）や pH 試験紙で測定する。④土壌の物理性は土壌硬度計等で測定する。⑤土壌の窒素成分量は土壌分析や EC メータ等で測定する。

48　解答▶③　★

モモの果実は果柄（果軸）が短いため、ナシなどのように留め金を巻き付け、止めることができない。そのため、枝をまたいで袋をかけ、その袋を針金で止めるためにＶ字カットされている。①ウメと④オウトウには、原則、袋は被せない。②リンゴと⑤ナシは針金を果柄（果軸）に巻くことができるため、Ｖ字カットは不要。

49　解答▶①　★★

根域制限栽培は施肥・土壌水分のコントロールが容易であり、果実・果粒は小さいが高品質（高糖度・着色向上）果実の生産を目的とする。また、樹が小さくなる（わい化）ため本数を多く栽培できて着花促進もあり、早期収穫・早期成園化が可能となる。ブドウ、ウンシュウミカンで多く行われている。②かん水・施肥量・回数が多くなる。③骨格は細く、大樹とはならない。④小さな果実で、１樹当りの収量は少ないが、多数植えることで収量を確保できる。⑤は「深耕」である。根域制限の具体的な方法としては、コンテナ（収穫かご等）、果樹用大容量ポット、コンクリや防根シートの上への盛り土などがあり、鉢栽培も根域制限栽培である。

50　解答▶⑤　★★

「mg」は「ミリグラム」であり、「ミリ」＝「１／1,000」である。50mg は「50×１／1,000」＝0.05g となる。「ppm」（parts per million、パーツ・パー・ミリオン）は100万分率で、100万分のいくらであるかという割合を示す「１／100万」の濃度の単位である。25ppm は「25／100万」＝「0.000025」である。このように、ホルモン剤であるジベレリン溶液は、濃度が非常に薄い溶液で効果がある。「50mg ＝0.05g」は一般的には計量できないため、ジベレリンは増量処理がされて販売されている。このように、薬剤の調合、農薬の希釈等では、その中身を理解することが大切である。また、溶液作成時に計算する場合には、「kg→ g」「L（リットル）→ mℓ」にするなど、必ず、「単位」を合わせ、計算する必要がある。

選択科目［畜産］

11　解答▶③　★★★

白色プリマスロック種は、アメリカ原産の肉用種で、産卵能力が年160〜200程度と白色コーニッシュ種より高いので、ブロイラー生産の雌系として利用される。

12　解答▶②　★★

ニワトリの消化管は、食道に素のうが発達し、腺胃、筋胃の順番で小腸（十二指腸、空腸、回腸）につながっている。盲腸は一対（２本）ある。素のうでは飼料を一時たくわえ、水や粘液で飼料をふやかし、腺胃で胃酸と消化液を分泌して飼料を消化する。筋胃は両凸レンズ状の形をしてグリットを含み、強い筋肉の収縮運動で飼料をすりつぶし、攪拌する。空回腸では飼料の消化・吸収を行うが、長さ・容積は他の家畜に比べて小さい。

13　解答▶⑤　★★

エストロゲンは肝臓に作用して卵黄成分の合成を促進したり、卵管の発達や卵殻形成を促進させたりする。

14　解答▶②　★

ニワトリのひなの光線管理は性成熟を調整するために行い、性成熟は明るい時間が短いと遅く、長いと早くなる。採卵鶏では明暗時間の長短は、産卵率に影響し、明るい時間が短くなると産卵率は低下する。

15　解答▶④　★★

胚は卵黄表面上部に位置するので、静置したままふ卵を続けると卵黄が浮かんだ状態となり、卵殻膜は胚がゆ着する。これを防ぐために数時間ごとに種卵の角度を変えることを転卵という。

16　解答▶②　★

①マイロはキサントフィルを含ん

でいないため、多給すると卵黄色が薄くなる。③トウモロコシは、主にエネルギー源として配合されている。④鶏用の配合飼料として最も配合量が多いのはトウモロコシである。⑤タンパク質の供給源として最も多く配合されているのは大豆粕である。

17　解答▶④　★★

①ニューカッスル病は接触感染、②マレック病は水平感染およびウイルスを含むフケの経気道感染、③ロイコチトゾーン症の病原体はロイコチトゾーン原虫、⑤鶏伝染性気管支炎は接触（呼吸器粘膜・眼粘膜・総排泄腔）感染である。

18　解答▶④　★

①ランドレース種、②デュロック種、③ハンプシャー種、⑤バークシャー種の説明である。

19　解答▶④　★★

ブタは多胎動物で、ふつう一回の分べんで10頭以上を産むため、子宮角が長大にできている。

20　解答▶⑤　★★★

赤血球をつくるために必要な鉄が初乳から十分に供給されないことが多く、鉄欠乏による貧血、発育不良や下痢を起こしやすくなることから、これを防ぐために生後２～３日齢で鉄剤の注射を行う。

21　解答▶③　★★

４か月齢頃から発情のような兆候を示すブタもいるが、まだ排卵を伴わない。一般的には８～９か月齢120～130kg で初回の種付けを行う。初回の種付けを急ぎすぎると、産子数が少なく、生まれてくる子豚が小さい、母豚の発育が抑えられるなどの悪影響がある。

22　解答▶②　★★★

PSE は、Pale（退色して白っぽい）、Soft（軟弱でしまりがわるい）、Exudative（しん出液が出やすい）の略である。

23　解答▶③　★

流行性脳炎は法定伝染病である。①口蹄疫、②豚丹毒、④豚赤痢、⑤萎縮性鼻炎の説明である。

24　解答▶⑤　★★★

日本 SPF 協会ではオーエスキー病、豚赤痢、萎縮性鼻炎、マイコプラズマ肺炎、トキソプラズマ感染症の５種を規定している。

25　解答▶③　★★

ガンジー種はイギリス原産の乳用種、小柄で脂肪含量の高い乳を生産する。①はイギリス原産の肉用種。②はフランス原産の肉用種。④はイギリス原産の乳用種。⑤はスイス原産の乳用種。

26　解答▶③　★★★

胸深は、き甲部のやや後ろから、胸底へ垂直に測定した幅の長さである。

27　解答▶⑤　★★

①セルロース、ヘミセルロース、デンプン等の多糖類からルーメン微生物によって揮発性脂肪酸が生成され、②７割弱が酢酸、酪酸は１割強である。③ルーメン上皮で吸収されて代謝回路に入りエネルギー利用される。④ルーメン内の脂肪消化能力はそれほど高くなく、飼料中の脂肪含量が多くなりすぎると、ルーメン微生物の活性が低下する。

28　解答▶③　

分離給与は、繋ぎ飼い牛舎で一般的に行われている濃厚飼料と粗飼料を分けて給与する方法で、乳牛が先に濃厚飼料を食べてしまう欠点がある。①②不断給餌が基本となるTMR の給与では選び食いがなくなるため、第１胃の機能を正常に保つことができ、飼料設計の精密化や省力化などの利点があるが、初期投資が大きく、1種類の完全混合飼料のみでは栄養のアンバランスが生じることもある。④分離給与は、TMRと比べて、一般的に設備投資が少なく、個体管理が可能などの利点がある。⑤放牧では舎飼いよりも多くのエネルギーを必要とするため補助飼料（濃厚飼料や穀類、乾草）を合理的に給与する必要がある。

29　解答▶①　★

乳腺細胞が集まり、乳腺胞ができており、乳腺胞が200個以上集まり、乳腺葉を構成する。乳は乳腺細胞で合成され、乳そうに集まり、子牛の吸入や搾乳によって乳頭から排出される。

30　解答▶①　★

乳牛の乾乳する期間は、約1.5か月～2か月である。

31　解答▶③　★★

搾乳ピットに対し垂直に並べて牛の両後肢から搾乳するライトアングル（パラレル）方式である。搾乳者は牛のいる場所よりも一段深く掘られた搾乳ピット内で搾乳する。①タンデム・ウォークスルー方式は、搾乳ピットに対し牛を平行に並べて牛の横から搾乳する方式。②アブレスト方式は、深い搾乳ピットはなく、2頭並べた牛の間で搾乳する方式。④ヘリングボーン方式は牛を斜めに並べて搾乳する方式。⑤ロータリーパーラー方式は牛を回転する円盤に乗せて円盤が回転する間に搾乳する方式である。

32　解答▶⑤　★★

発情周期後期には黄体から分泌されるプロジェステロン濃度が低下し，卵胞から分泌されるエストロジェン濃度が上昇し発情が起こる。その後、黄体形成ホルモンの一過性の放出があり排卵する。テストステロンは、精子の正常な発育に必要なホルモンである。

33　解答▶④　★★★

ウシの発情行動において，写真（下のウシ）は乗駕許容（スタンディング）である。①は写真右端のウシの行動，②は異性双子で生まれた場合の雌の疾病名，③はウシ等に見られる歯ぐきなどを見せる仕草，⑤は生まれた子牛をなめる母ウシの仕草である。

34　解答▶⑤　★★★

超音波画像診断機を用いる方法で、牛や馬では超音波の送受信のための探触子を直腸内に挿入して行う。一般的には，妊娠30日からの診断が可能である。

35　解答▶②　★

ウシは分娩直前になると体温が0.5度程度低下する。①分娩時には，胎膜（尿膜）が破れて第1次破水が起き、その後羊膜が破れて第2次破水が起きる。③子牛は前肢からべん出され、④⑤後産は通常分娩後3～6時間後に娩出される。

36　解答▶①　★

②⑤ドナー牛に過剰排卵させたあと、人工授精を行い、約7日後にバルーンカテーテルと灌流液で受精卵を回収する。③レシピエント牛には発情約7日後に黄体の状態を確認し，黄体のある卵巣側（左右のどちらか）の子宮角深部に受精卵を移植する。④回収された受精卵は状態によりランクづけし、Bランク以上が凍結保存に適している。

37　解答▶⑤　★★

臨床検査所見でも卵巣や副生殖器に特に異常を認めない個体で、問いのような症状を示す個体をリピートブリーダーといい、原因としては解剖学的異常、受精障害、胚の早期死滅、内分泌障害等が考えられている。

38　解答▶②　★★★
①は黒毛和種、③褐毛和種、④は無角和種、⑤はヘレフォード種（外国種）。

39　解答▶③　★★
アの筋肉部位は僧帽筋である。

40　解答▶②　★
①2004年、③1956年、④2010年、⑤1940年を最後に確認されていない。②は年間約500～1,000頭発見され、2021年に957件確認されている。

41　解答▶③　★★
２本ある血管を避けて、中央部分に耳標を装着するのが望ましい。耳標の脱落を防ぐため、耳標が耳からはみ出さないように注意する。

42　解答▶④　★★★
マメ科の牧草はシロクローバ。①②③⑤はイネ科の牧草である。

43　解答▶②　★
デントコーンサイレージは濃厚飼料であるデントコーンを含むためTDN 含量が高い。①チモシー、③オーツヘイ、④稲わら、⑤ルーサンは粗飼料である。

44　解答▶①　★★★
①④サイレージ調製は、乳酸菌による嫌気発酵を促進する必要があり、早期に嫌気状態を確保し、乳酸菌が優先的に生育できる条件を整えることが重要である。栄養成分を確保する点や有益な発酵生産物の生成を誘導するために、②適期収穫や③水分調整（60～70%）が大事である。そのために、⑤乳酸菌添加材を使用することも良い方法である。

45　解答▶③　★
①は茎葉とともに子実までサイレージとして利用するもの。②は全混合飼料。④は飼料作物を発酵させた飼料。⑤は飼料と水を同時に給餌する方法のこと。

46　解答▶②　★★★
堆肥化の条件は、１有機物、２水分、３空気（酸素）、４微生物、５温度、６時間の６つである。ふん尿中にある微生物が、酸素を利用して有機物を分解するときに熱が発生する。家畜ふん尿を堆肥化することにより、作業者にとって取り扱いやすく、衛生面でも、作物にとっても安全なものにすることができる。

47　解答▶①　★
②側壁や覆いも必要である。③コンクリート等浸透しない材質のもので作る必要がある。④⑤家畜排せつ物法によってルールが定められている。

48　解答▶⑤　★★★
ヘイベーラは、草類を梱包するために使用する。

49　解答▶①　★★★
②は家畜福祉のこと。③は生産履歴情報を確認できる仕組み。④は生産物が消費者に渡るまでの一連の流れ。⑤は畜産における適正農業規範（GAP）で、HACCP に含まれない環境保全、労働安全、人権尊重、アニマルウェルフェアの取り組みが含まれる。

50　解答▶④　★
令和３年の農産物輸出実績（輸出額）では牛肉が6.7%を占め、アルコール飲料（14.3%）に次いで多い。①畜産は農業総産出額の約４割を占め、耕種部門が約６割である。②令和３年度の自給率（重量ベース）は鶏卵97%、牛乳・乳製品58%、肉類53%で、近年はこの順番で推移している。③国産飼料の増産で飼料自給率の向上をめざしているが、近年は約25%水準で横ばいである。⑤令和３年の農産物輸入実績（輸出額）では牛肉（407,862百万円）より豚肉（488,191百万円）の方が多い。

選択科目［食品］

11　解答▶③　★★★
根の一部が肥大したもの（塊根）が、③のサツマイモである。ヒルガオ科サツマイモ属の多年生植物。①のタケノコは幼茎、②のジャガイモは茎、④のタマネギはリン茎、⑤のサトイモは球茎を食用とする。

12　解答▶②　★★★
オリゴ糖は、単糖類が2～10数個グリコシド結合によって結合した構造の糖質である。低消化性で、整腸作用や腸内細菌を増やす作用などが知られている。①は食物繊維、③はポリフェノール、④はペプチド、⑤は油脂の内容である。

13　解答▶⑤　★★★
⑤のビタミンは、酸素や光･熱などに不安定なため、④の無機質とは異なる。イモ類・野菜類・果実類に多く含まれている水溶性のビタミンCや緑黄色野菜や卵黄・レバーに多い脂溶性のビタミンAなどは、加工貯蔵することで減少する。

14　解答▶①　★★
納豆菌は、大豆たんぱく質の分解によって生成される①のグルタミン酸を多数結合させて糸状の粘性物質物（γ－ポリグルタミン酸）をつくる。この働きにより、納豆は糸を引く。グルタミン酸はうま味に関係するアミノ酸の一種で、納豆の味にも影響を及ぼす重要な成分である。

15　解答▶②　★★
脂溶性ビタミンは、ビタミンA・ビタミンD・ビタミンE・ビタミンKの4種類である。水に溶けにくく、油脂やアルコールに溶ける性質のビタミンのことで、体内ではほとんど合成することができないため、食物から摂取する必要がある。

16　解答▶④　★★★
④のクロロフィルは、緑色の色素で葉緑素ともいわれる。加工や保存時、光・温度・pHなどの影響によって分解されやすい性質がある。①のキサントフィルは黄～赤、②のフラボノイドは無色～淡黄色、③のカロテノイドは黄～赤、⑤のアントシアニンは赤～紫である。

17　解答▶②　★★
②のジャガイモの表皮の緑化とソラニンの生成は光の影響。①の牛乳の乳酸生成による凝固は乳酸菌等の増殖による変化・変質。③の日本酒の火落ちによる白濁・酸化は火落菌による劣化。④の肉類のミオグロビンのニトロソミオグロビンへの変化は塩漬時に添加される硝酸塩や亜硝酸塩に変色。⑤のバナナの果皮の斑点状の黒変と果肉の硬化は低温障害による変化。

18　解答▶①　★★
デンプンの老化とは、①のα化していたデンプンが冷めることにより水分が分離し、部分的に密な構造になりβデンプンに近い状態になる現象である。老化したデンプンは、粘性を失い消化性も悪くなる。ご飯を放置しておくと硬くなり、食味や消化性が悪くなるのはこのためである。

19　解答▶⑤　★★
収穫後の呼吸量（CO_2mg／kg・h）は、①のバレイショは5、②のピーマンは17、③のキュウリは42、④のナスは30、⑤のホウレンソウは250になっている。この5品目ではホウレンソウの呼吸量が最も多い。葉物野菜は呼吸量が多く、根菜類は少ない。鮮度保持のため、温度が10℃低下となると呼吸量は半減するので、鮮度を保持するには低温で保管することが重要である。

20 解答▶① ★★★

あんは小豆などの豆を砂糖とともに煮詰めた食品で、和菓子において重要な役割を果たしている。あん練りは豆を煮沸して細胞膜を熱凝固し、中のデンプン粒子を①のα化をし、一般のデンプン粒子よりも大きなあん粒子をつくる。また。タンパク質の膜に覆われているため、のり状にならない。

21 解答▶⑤ ★

⑤のサツマイモに含まれるβーアミラーゼが、加熱されて糊化したでん粉に作用し、麦芽糖を生成するため焼きいもは甘くなる。①のペクチナーゼはカキなどの果実をやわらかくする。②のプロテアーゼは肉組織を軟化する。③のリパーゼは油脂を分解する。④のオキシダーゼはビタミンCなどの酸化に関与する。

22 解答▶④ ★★

④のスパゲティはデュラムコムギを主原料とし、食塩は用いず、押し出して作る。①の手延べそうめんは小麦粉と食塩を混ぜ合せて捏ね、引き伸ばし、乾燥して製品とする。②の手打ちうどんは小麦粉と食塩を混ぜ合せて捏ね、平らに延ばし、切断して製造する。③の中華めんは食塩は用いず、かん水を用いる。⑤の手打ちそばはそば粉だけあるいはコムギや他のつなぎとなる材料をたし、食塩を用いず作る。

23 解答▶① ★

①のリョクトウは暗発芽させ、もやしとして食べるほか、デンプンを原料としてハルサメとする。②のエンドウは青、赤、白の3種類がある。未熟の青豆はグリーンピース、赤褐色のものはみつ豆やゆで豆に、白色のものは製あんなどに用いられる。③のラッカセイは脂質を多く含み、茹で豆、煎り豆などに加工される他、搾油され、ラッカセイ油として利用される。④のダイズはタンパク質と脂質を多く含み、日本では豆腐、油揚げ、納豆、煮豆、みそ、しょうゆの原料となる他、搾油されダイズ油（白絞油）として利用される。⑤のアズキは炭水化物を多く含み、和菓子のあんの原料として利用される。また、アズキは祭事の赤飯としても利用される。

24 解答▶⑤ ★★★

⑤の効果以外にも、油脂特有の風味を加えたり、パン生地の進展性を高めて作業効果を高める効果もある。パン生地に入れる油脂の種類は、バター、ショートニング、マーガリン、ラード、オリーブオイル、サラダ油などがある。①・②は食塩の役割。③・④は砂糖の役割。発酵パンは小麦粉、水、パン酵母、食塩、砂糖、油脂などをこねて作った生地を、イーストの発酵作用によって膨らませ、焼いたり蒸したり、油で揚げたりして作る。

25 解答▶④ ★★

マーマレードの製造では、果皮や果汁の調製と加熱・濃縮の二つの工程からなる。果皮は、①の水煮→②の水さらし→水切りの流れで調製が進む。④の加熱・濃縮時に、調製した果皮・砂糖・ペクチンを加える。

26 解答▶⑤ ★★★

渋柿の渋みの原因はタンニンである。甘柿では、果実が成熟するとタンニンが不溶化して渋みを感じなくなるが、渋柿では、成熟してもタンニンの不溶化が不十分なため、渋みを感じるが、⑤の乾燥することによりタンニンが不溶化して、乾燥後には糖分55〜60％の甘い干し柿となる。

27 解答▶② ★★★

バター製造において、クリームを

バターチャーンで激しくかくはんして、クリーム中の脂肪球を凝集させてバター粒子にかえる工程を②のチャーニングという。①のエージングは分離、殺菌・冷却したクリームを4～5℃で10時間程度保持すること。③のワーキングはチャーニングによって凝集したバター粒子を水洗・加塩し、均一に練り合わせ、安定した組織のバターを形成すること。④の遠心分離はクリームセパレーター（遠心分離機）で原料乳をクリームと脱脂乳に分けること。⑤の乳化は水と油を混じり合わせる作用をいい、牛乳は水と油が混じり合った乳化状態にある。

28　解答▶②　★

乳等省令では、①の濃縮乳とは、生乳、牛乳、特別牛乳又は生水牛乳を濃縮したものをいう。②の脱脂濃縮乳とは、生乳、牛乳、特別牛乳又は生水牛乳から乳脂肪分を除去したものを濃縮したものをいう。③の無糖練乳とは、濃縮乳であって直接飲用に供する目的で販売するものをいう。④の無糖脱脂練乳とは、脱脂濃縮乳であって直接飲用に供する目的で販売するものをいう。⑤の加糖練乳とは、生乳、牛乳、特別牛乳又は生水牛乳にショ糖を加えて濃縮したものをいう。また、加糖脱脂練乳とは、生乳、牛乳、特別牛乳又は生水牛乳の乳脂肪分を除去したものにショ糖を加えて濃縮したものをいう。

29　解答▶③　★★

卵と食酢に食塩や調味料・香辛料などを混ぜ合わせておき、多量のサラダ油などの植物油を加えて作るのは、③のマヨネーズである。②のフレンチドレッシングには卵は使用しない。④のピータンは、アヒルの卵に木灰・石灰・塩などを利用した発酵食品。⑤のエバミルクは、無糖練乳のことで、①も含めどれも原材料が異なる。

30　解答▶④　★★

ソーセージの製造では、②の塩漬を終えた原料肉や脂肪をミートチョッパーで挽く。③の肉ひき後、サイレントカッターに肉を移し、調味料・香辛料そして最後に脂肪を加えて④の練り合わせをし、その後エアースタッファーを使用して、ケーシングに⑤の充てんを行う。

31　解答▶①　★★★

肉の色は、赤色の色素タンパク質であるミオグロビンの含有量に左右されるが、ミオグロビンは空気中の酸素による酸化や加熱処理により、赤褐色や暗赤色に変化してしまうため、①の硝酸塩（硝酸カリウム）や亜硝酸塩（亜硝酸ナトリウム）を塩漬時に添加して加熱による肉色の変化を抑えている。

32　解答▶②　★

ゲルベル法は、②の脂肪の測定で行われる。他、比重、酸度、pH、アルコール測定がある。原料乳の品質は、牛乳ばかりでなく、乳製品の品質にも影響するので、各種の検査が必要である。上記の他にも風味試験、セジメント試験、メチレンブルー還元試験、レサズリン試験、細菌試験などがある。

33　解答▶④　★★

④のかに風味かまぼこはスケトウダラのすり身を使用し、外観・食感ともに茹でたカニの筋繊維に似せた食品、棒状のスティックや繊維状にほぐしたフレークなどが製造されている。①のバターは牛乳から脂肪分を取出し、精製した食品。②のポテトチップスはジャガイモをスライスし、油で揚げた食品。③のレトルトトウモロコシは耐熱性の袋に詰めレ

トルト処理した食品。⑤のブドウジュースはブドウ果実を搾汁した食品。

34 解答▶③ ★

発酵を終えたもろみ（発酵液）を③のA「蒸留」をすることで、焼酎の原酒が得られる。芋焼酎や米焼酎、麦焼酎などの乙類焼酎には単式蒸溜機を、甲類焼酎には連続式蒸溜機を使用する。また③のB「熟成」させることで、ガス成分が揮散して荒さがとれるとともに水がアルコール成分を包み込み、酒質が安定する。

35 解答▶③ ★

ナスの漬物にミョウバンや古くぎを入れることによって、③のアントシアニンの色調を安定化する働きがある。緑、赤、紫、黄、オレンジ色など、食品の持つ色は、味や香りに加えて食欲をそそる重要な要素である。食品の新鮮さやおいしさは、見た目の彩りによって引き立てられる。

36 解答▶⑤ ★★

麹に塩水を混ぜたものは⑤のもろみ、仕込んだ直後は大豆や小麦の形を確認できるが、時間が経つと溶けて色もしだいに濃くなる。熟成後のもろみを圧搾・ろ過してできた液体が①の生しょうゆ、または、②の生揚げしょうゆ。③のたまりしょうゆは、大豆だけ、あるいは大豆に少量の麦を加えてつくった麹で仕込んだしょうゆ、④の白しょうゆは、少量の大豆に麦を加えて作った麹で仕込んだしょうゆである。

37 解答▶① ★★

納豆菌の発酵により、①の蒸煮ダイズの粘質物生成が生成する。②の米粒の脂質分解は米に含まれる酵素によって発生し、生成した脂肪酸の酸化分解により、古米臭の発生となる。③のジャガイモ貯蔵中の糖類増加はジャガイモに含まれるデンプンが酵素によって分解されて起こる現象である。④のかまぼこ表面の粘質物生成は微生物の増殖によって粘質物が生成されるが、食べることのできない状態になるので発酵ではなく腐敗である。⑤の生肉のアンモニア発生は微生物の増殖により肉のタンパク質が分解されて発生する。多くの場合、食べることのできない状態になるので、発酵ではなく腐敗である。

38 解答▶⑤ ★★★

酒税法の分類で、⑤のブランデーは果実もしくは果実および水を原料として発酵させたアルコール含有物を蒸留したもの。①のウイスキーは発芽させた穀類及び水を原料として糖化させて発酵させたアルコール含有物を蒸留したもの。②のリキュールは酒類と糖類等を原料とした酒類でエキス分が2度以上のもの。③の果実酒は果実を原料として発酵させたもの（アルコール分が20度未満のもの）、あるいは果実に糖類を加えて発酵させたもの（アルコール分が15度未満のもの）④の甘味果実酒は果実酒に糖類又はブランデー等を混和したもの。

39 解答▶④ ★★★

④の安息香酸ナトリウムは、水によく溶け、微生物に対して増殖を抑制する効果がある。他にソルビン酸カリウム等がある。①は豆腐凝固剤として用いられる。②は栄養価向上用としてドリンクなどのアミノ酸類として用いられる。③は風味・品質・外観向上用の香料として用いられる。⑤は甘味料として利用されている。

40 解答▶② ★★★

還元漂白剤として、おもに②の亜硫酸塩が使用されている。亜硫酸塩は酸によって亜硫酸SO_2となり、漂白・酸化防止・保存などの作用を示す。食品中の亜硫酸塩は酸性状態で亜硫酸ガスを発生する。この亜硫酸ガスが試験紙中のヨウ素酸カリウムKIO_3を還元して遊離したヨウ素I_2がさらにデンプンと反応する。このとき試験紙を青紫色に変色するため、亜硫酸塩の存在を知ることができる。

41　解答▶④　★★★

熱帯・亜熱帯のサンゴ礁に生息するアオブダイなどの魚類には④のシガテラ毒が魚の筋肉や内臓に存在し、温度知覚異常などを起こす。毒素シガトキシン等の天然毒によって起こる食中毒で、該当する魚は300種類にも及ぶ。①のヒ素、②の有機水銀、③のカドミウム、⑤のPCBは化学性食中毒の原因成分である。

42　解答▶③　★★

③の黄色ブドウ球菌は、潜伏期間は短く、増殖するときに毒素であるエンテロトキシンを産生する。毒素は120℃、20分の加熱でも安定である。化膿性疾患の原因菌のひとつであるため、調理従事者の手指、鼻腔などに付着した菌による汚染が多い。①～④は、感染型食中毒の細菌。

43　解答▶⑤　★

飲食物や手指などを通して、感染性の強い病原体が口から体内に入って、症状を起こす感染症を経口感染症という。⑤の赤痢、コレラ、腸チフスなど細菌性やウイルス性のものがある。患者・保菌者の早期発見や器具・食器などの洗浄・消毒が大切である。①のトキソプラズマ、②のアレルギーはある特定の食品を摂取した時にみられる身体に有害な過敏反応をいう。③のアニサキス、④の回虫は寄生虫症で、寄生虫卵に汚染された野菜・魚介類・食肉などの摂取による感染の機会が多い。

44　解答▶④　★★

ポジティブリスト制度では、それぞれの農産物について使用可能な農薬がリスト化され、それぞれ残留基準が設定されている。これにより不適切な農薬の利用を規制している。また食品の輸入時には検疫所で残留農薬の検査等を行っている。

45　解答▶③　★★★

特定原材料7品目には、エビ、カニ、小麦、ソバ、卵、乳、③のラッカセイがある。特定原材料に準じるもの21品には、①のアーモンド、アワビ、イカ、イクラ、オレンジ、カシューナッツ、キウイフルーツ、牛肉、④のクルミ、⑤のゴマ、サケ、サバ、大豆、鶏肉、②のバナナ、豚肉、マツタケ、モモ、ヤマイモ、リンゴ、ゼラチンがある。

46　解答▶②　★★★

容器または包装の面積が30cm^{2}以下のものは賞味期限および消費期限を省略することができる。品質の変化が極めて少ないもので次にあげるものは賞味期限および消費期限を省略できる。でんぷん、チューインガム、冷菓、砂糖、②のアイスクリーム、食塩、うま味調味料、飲料水、清涼飲料水（ガラスビン入り）、氷。

47　解答▶⑤　★

市町村により分別収集したあと原材料や製品として他人に売れる状態に再商品化する義務があるのは、⑤のPETボトルである。①のアルミ缶、②のスチール缶、③の段ボール、④の紙パックは容器包装リサイクル法における容器包装廃棄物だが、市町村が分別収集した段階で有価物となるため、市町村の分別収集の対象にはなるがリサイクルの義務の対象とはなっていない。

48　解答▶③　★★

③の無菌包装は、無菌に近い室内で、殺菌済みの食品と殺菌済みの包装材料を利用して行う方法である。長く保存できるLL牛乳などに活用される。①はフレキシブルな容器に真空状態で密封する方法。②は包装容器内のガスをNやCO_2等の不活性ガスに置き換えて密封する方法。④のびん詰、⑤の缶詰は容器に詰めた後、加熱殺菌をする。

49　解答▶①　★★

HACCPは、コーデックス委員会が策定したHACCP 7原則に基づき、食品等事業者自らが使用する原材料や製造方法等に応じ計画を作成し管理を行う衛生管理。特に①の様に人に危害を与える微生物・化学物質・異物などが食品中に混入しないように、原材料の受け入れから出荷にいたる各工程の中から、食品の安全性をそこなうことが考えられる工程を監視して、危害を防止する。

50　解答▶④　★★

食品製造室における品質管理、異物混入を防止するため、異物混入となる物を身につけず、適正な作業服を着用する。①の作業服の袖は長袖で、ゴムなどで絞りのあるものを着用する。②の作業中には会話をせず、マスクを常時着用する。③の作業服にはポケット、ボタンの無いものを着用する。④のピアスやネックレス等の装飾品は身につけない。⑤の腕時計や指輪はつけない。爪は短く切り、マニキュアはしない。

共通問題［農業一般］

1　解答▶③　★★

製造者が全国的な販売を展開し、強力なブランド力をもっている商品をナショナル・ブランド（NB）商品と呼ぶ。ナショナルブランドは、消費者からの信頼性・知名度の高さが強みとなる。①②⑤は、流通業者が中心となって商品の機能や品質、パッケージ、ネーミング、ブランドなどを決定する商品、④は流通業者の開発商品の中で、包装が簡素でブランド名がつけられていない低価格を重視した商品である。

2　解答▶②　★★★

2017年９月の食品表示基準の改正により、これまでの加工食品の原料原産地表示（22食品群＋個別品目）に加え、国内で製造される全ての加工食品に対して、原材料の原産地表示が義務化された。

3　解答▶①　★★★

②は酸に対する溶出試験をしてから使用する包装材である。③は内外の表面をポリエステルなどでコーティングしたもので、軽量でリサイクル可能であるが、こわれやすい点が劣っている。④は軽量で加工しやすく、供給も安定しており、食品容器や包装材として広く利用されている。⑤はポリスチレンというプラスチックをブランなどの発泡剤でふくらませたものである。

4　解答▶④　★

農業保険制度は、災害など不慮の事故で農業者が被る損失を補てんする農業共済と、これらの事故や需給変動などで減少した農業収入を補てんする収入保険の２事業を行っている。①の目的は、事業によって組合員に奉仕すること。農家が協同して助け合うという相互扶助の精神のもとに、農家の営農と生活を守り高める活動を行う。②は農業生産の向上のために農民の自主性により誕生した集団化，協業化，大型施設利用などの集団による生産組織。③は農業用水や農地の整備事業などの維持・改良などにあたる組織。⑤は農業技術や経営技術に関する普及を目的とした機関で、国と都道府県が共同で活動している。

5　解答▶②　★★

労働者には賃金を、地主には地代を支払い、資本利子部分もすべて経費に計上する。自給部分は、見積もりを計上する。これを農業生産費という。生産費は原価ともいう。農業粗収益から農業生産費を差し引いた残りが農企業利潤である。②は農業所得の説明であり、③は、これに農企業利潤に相当するものも含むことで、農業所得が混合所得といわれることを説明したものになる。④は家族労働報酬（労働所得）、⑤は経営者労働所得の説明である。

6　解答▶③　★★★

①は市場浸透・製品開発・市場開拓・多角化の４象限に整理して経営成長を分析する手法。②は自社製品を市場の成長率とマーケットシェアの２軸４象限に位置づけて今後の資源配分を考える手法。④は付加価値が事業活動のどの段階で生み出されているかを分析する手法。⑤は低いコストで競争に勝つコストリーダーシップ戦略、他社とは異なる価値を顧客に提供する差別化戦略、特定の市場にターゲットを絞る集通戦略の手法である。

7　解答▶④　★★

農林水産省は「みどりの食料システム戦略」を策定し、中長期的な観点から、調達、生産、加工流通、消費の各段階の取り組みとカーボンニュートラル等の環境負荷軽減のイノベーションを推進し、2022（令和4）年7月には継続的に一貫して取り組むための「みどりの食料システム法」が施行されている。

8　解答▶③　★★★

①は地域住民等による民間発の取り組みとして、無料または安価で栄養のある食事や温かな団らんを提供する場。②はごはん（主食）を中心に、魚、肉、牛乳・乳製品、野菜、海藻、豆類、果物、お茶等の多様な副食（主菜・副菜）等を組み合わせた、栄養バランスに優れた食生活。④は栄養バランスの取れた食事を提供することにより、子供の健康の保持・増進を図ること等を目的に、学校の設置者により実施されているもの。⑤は「自然を尊重する」というこころに基づいた日本人の食慣習であり、平成25（2013）年12月に「和食；日本人の伝統的な食文化」がユネスコ無形文化遺産に登録された。

9　解答▶④　★★

農業委員会は、農地等の利用の最適化の推進（担い手への農地利用の集積・集約化、遊休農地の発生防止・解消、新規参入の促進）を中心に、農地法に基づく農地の売買・貸借の許可、農地転用案件への意見具申など、農地に関する事務を執行する。

10　解答▶①　★★

J－クレジットは、省エネ設備の導入や再生可能エネルギーの利用によるCO_2等の排出削減量や適切な森林管理によるCO_2等の吸収量をクレジットとして国が認証する制度で、平成25年度から運営されている。森林の適切な管理（施業）を継続的に行うには経済的負担がともなうため、施業で生じたクレジットを購入することで、さらなる施業を促すことにつながる。

選択科目［作物］

11　解答▶⑤　★★★

①水稲の施肥利用率は30％程度なので施肥設計は重要である。②施肥方法には表層施肥や側条施肥の方法もある。③施肥量は地力や気象条件等を考慮して決める。④耕起の説明であり、代かきは水田に水を入れ、砕土し田面を均平にし田植えを容易にする作業をいう。

12　解答▶②　★

種もみが吸水活動を始めるまでの時間もあるので多少長くなるが、発芽までの積算温度はおおむね100℃なので、100℃÷20℃＝5日となる。

13　解答▶④　★

①一般に田植え直後は入水し、苗の活着までの数日間は4～6 cmの深水管理する。②活着後は2～4 cmの浅水管理とし、分げつの発生を促す。田面を時々露出させて土壌中に酸素を供給すると、微生物活性が高まって、有機物の分解が進む。③最高分げつ期頃にイネの無効分げつ抑制のために1週間ほど落水する。⑤この期間は水が必要なので、たん水する。とくに、穂ばらみ期に気温が20℃以下になる恐れがある場合は15cm前後の深水管理にして保温につとめ、冷害の危険から幼穂を保護する。

14　解答▶③　★

1つの株の40～50％の穂が出穂した時期をその株の出穂期といい、その水田の株の10～20％が出穂したときを出穂始め、水田全体で40～50％の株が出穂したときを出穂期、約90％出穂したときを穂ぞろい期という。穂ぞろい期は出穂期の2～3日後になる。

15　解答▶①　★★

②日照不足・窒素過多、③リン酸

不足、④カリウム不足、⑤窒素不足によって葉が健全とはいえない状態になる。生育中のイネの栄養状態は、葉身の形態や葉色にはっきり現れるので、栄養状態を診断し、施肥などの管理にいかすことができる。

16　解答▶⑤　★★

品種の早晩により日数が多少前後するが、①玄米の長さ（縦方向）は開花後7日頃に、②幅は開花後2週間頃に、③厚みは開花後3週間頃に、④生体重は開花後20～25日頃に決まる。水分は、はじめは80％以上含まれるが、徐々に減少し、開花後25日目以降になると約20％でほぼ一定となる。

17　解答▶③　★

イネ科植物はケイ素を多く吸収するが、とくにイネは多量のケイ素を吸収し、不足すると明らかに生育、収量が低下する。ケイ酸（SiO_2）は、茎葉の表皮にガラスのような膜（ケイ化細胞）をつくり植物体を覆うため、茎葉は剛直となって倒伏が防止されるとともに、受光態勢が良好に維持されて光合成量も増える。また、病害虫の侵入も防ぐ。

18　解答▶②　★★

近年は、肥効調整型肥料などを使用して元肥のみとし、追肥を行わない栽培も多くなっているが、イネのさまざまな生育時期に栄養状態を最適にして、収量構成要素を良好にするためには追肥が有効である。①分げつ盛期の追肥は穂数を増加させる。③えい花の分化期の追肥は1穂もみ数を増加させる。④減数分裂期直前の追肥はもみの大きさや玄米千粒重を増大させる。⑤出穂直後の追肥は登熟歩合を増加させる。

19　解答▶①　★★★

1㎡当たりのもみ数が増えると、登熟歩合は通常低くなる。また、出穂後も根を衰えさせないように、穂肥や実肥によって光合成を高め、貯蔵物質を穂・もみへ転流する組織の老化を遅らせる工夫が大切である。

20　解答▶④　★★

青立ちは、籾が実らず穂が立ったままの状態になる障害。①⑤低温、低水温、日照不足等の異常気象時や水口周辺部で出やすく、②出穂後の肥料過多や窒素成分が多い汚水が流れ込んだ場合に出やすい。③マグネシウム欠乏症は草体下部の葉から黄化が起きる。

21　解答▶③　★★

一年生雑草はミズアオイ科のコナギ。①ヒルムシロはヒルムシロ科、②ミズカヤツリ、⑤イヌホタルイはカヤツリグサ科、④ウリカワはオモダカ科の多年生雑草である。

22　解答▶①　★★

②充実した種もみほど発芽が良く、健康な苗をつくるので、塩水選によって種もみを選抜する。③自家採取した種もみは病原菌が付着していることも多いので、薬剤での種子消毒や温湯消毒が必要である。④育苗中の施設の中には病原菌が付着している可能性もあるのでワラなどは置かない。⑤補植用の苗は水田の中には置かない。

23　解答▶⑤　★★★

高温下での登熟期間を避ける一つの方法である。①品質低下には品種間差がある。②もみ数が多いと乳白粒は生じやすい。③高温により成熟期が早まったり、水分（乾燥）への影響が考えられるため、遅い刈り取りは玄米の品質低下を助長する。④早期落水は玄米の品質低下を助長する。

24　解答▶②　★★★

①③コムギ、ライムギは穂状花序で、枝梗・小枝梗の先端に小穂がつ

く。④エンバクは複総状花序で、枝梗・小枝梗の先端に小穂がつく。⑤雄性花序、雌性花序はトウモロコシの花序であり、雄穂、雌穂と呼ぶ。

25　解答▶③　★★

①ムギ類の秋まき性程度はⅠ～Ⅶの7段階に分けられ、Ⅰは秋まき性程度が低い品種である。②日本におけるコムギの収穫期は、北海道を除いて梅雨の時期となることが多い。④コムギはオオムギより倒伏は少ないが、多肥条件などで倒伏することがある。また、浅まきするほど短稈となり倒伏を軽減する。⑤オオムギはコムギより生育期間が短い。また、オオムギは芒（のぎ）の光合成速度が大きく、子実生産に対する穂の寄与率は全体の1／2～1／3にも及んでいる。

26　解答▶⑤　★★★

①一般に寒地では秋まき性程度の高いものが、暖地では低いものが栽培されている。②コムギはイネの機械を有効活用でき、労働時間が少ない冬期の有利作物である。③コムギの最適pHは6～7である。土壌酸度の矯正として石灰質資材の施用が有効である。④最近は麦作期間に降雨が多く排水対策は小麦生産の最大のポイントであり、播種後も行う必要がある。⑤出穂後の排水不良が登熟を阻害するので、春先から梅雨の降雨が多くなる時期にも排水溝、排水路の再整備が必要である。

27　解答▶④　★★★

コムギ赤さび病は糸状菌（かび）による病気で、地上部の各部位に赤褐色の約1 mmの小斑点（夏胞子層）ができる。その後、葉、葉鞘、茎、穂に感染し、触れると手や衣服に胞子が付着する。①葉に幅1 mm程度の黄色の条斑が葉脈に沿って現れる。②地際部の茎に紡錘状で眼の形をした病斑を形成する。③根が黒く腐敗し、地際部の茎は黒褐色に変化する。⑤出穂直後の穂がおかされて桃色のかびが生じ、やがて黒い子のう核が点状にできる。人間や家畜が食べると中毒を引き起こす。

28　解答▶⑤　★★★

コムギは1粒系、2粒系、普通系などに分類され、2粒系はパスタやマカロニへの加工、①普通系はパンや麺、菓子類の加工に利用される。②オオムギはカワムギ、ハダカムギの6条種、2条種に分類され、2条オオムギはビール醸造用やウィスキーの原料として、③エンバクはオートミールなどの食用や飼料用として、④ライムギは醸造用原料や黒パンの加工に利用されている。

29　解答▶①　★★

②受粉は、風による場合が多く、風媒花と呼ばれる。③異品種を隣接したほ場で栽培すると、キセニア現象を起こす。④栽培品種には、一般的にF_1種子が利用される。⑤他家受粉が一般的で、自家受粉はしにくい。

30　解答▶④　★★

ポップ種はほとんど硬質デンプンで、胚のまわりに軟質デンプンがあり、この部分は水分含量が多いので、加熱すると胚乳部が爆裂して飛び出す。菓子用（ポップコーン）としての利用が多い。①硬質デンプンが子実の側面に分布し、頂部から内部が軟質デンプンとなってる。②子実の周囲がすべて石英（フリント）のようにかたい硬質で頂部が丸くつやがある。③糖分が多く、乾燥すると子実の表面にしわを生じ、胚乳の断面はろう状である。⑤デンプンがもち性で、餅に加工したり工業原料用となる。

31　解答▶④　★★★

①適期を過ぎると食味や品質が低下する。②生食用スイートコーンは子実の水分含量が70%前後になった頃に収穫する。子実用の場合は14～15%に乾燥する。③絹糸の先端が茶～黒色に変色する頃で、雌穂を包むほう葉の先端を剥き、子実を爪で押すとミルク状の液体が出るころが収穫の目安である。⑤収穫後の品質低下を遅らせるためにも、雌穂のほう葉は剥ぎ取らない。

32　解答▶②　★★

①獣害対策に電気柵は有効である。③雄穂（雄花）は受粉が終わってから取る。④移植苗は本葉２～３枚程度の若苗を植えるのが基本である。⑤ビニールの直掛けでは葉が焼けるので、直掛けは不織布か防鳥ネットで行う。

33　解答▶⑤　★

①植物学的には被子植物に属する。②双子葉植物に分類される。③種子は無胚乳種子に分類される。④ダイズの本葉は３枚の小葉からなっているが､子葉の次に出る初生葉は、単葉である。

34　解答▶①　★★

①一般にイネより要水量が大きく､開花期に水不足をおこすと落花、落きょうが多くなる。②発芽のための吸水量は大きいが、水中では発芽せず腐敗する。③水を多く必要とするが、根の過湿害がおきやすい。④摘心による増収効果の出やすいのは生育期間の長い晩生種の秋ダイズである。⑤カメムシ類やサヤタマバエなどの子実害虫は子実への吸汁により落きょうがおき、収穫期になっても青立ちになっていて被害に気づくこともある。

35　解答▶③　★★

写真は、根粒菌の共生の影響で、根粒が生じたダイズの根である。根粒菌は、ダイズの光合成産物をエネルギー源として生活して空気中の窒素を固定してダイズに供給し、生育を助けるという共生関係をつくる。

36　解答▶①　★

①②豆腐は、粗タンパク質含有率が高いダイズが適する。豆乳中の固形物抽出率が高いと豆腐収率が高い。③④みそは高炭水化物で、吸水率が高いダイズが適する。蒸し煮ダイズはやわらかく、かたさのぶれが少ないものがよい。⑤納豆は、高炭水化物で、吸水率が高く、糖類、アミノ酸含有率が高いダイズが適する。蒸し煮ダイズはやわらかく、甘みのあるものがよい。

37　解答▶②　★★★

①原産地は南米アンデス山脈の高地である。③ジャガイモの可食部はストロンの先端が肥大した塊茎である。④ジャガイモは被子植物、双子葉類、合弁花類、多年草である。⑤ジャガイモは塊茎を種いもとして繁殖させることができるので栄養繁殖する。

38　解答▶⑤　★★★

①皮目肥大は土壌水分の過剰により発生しやすい。②いもの肥大に最も影響する成分はカリウムである。③光合成の適温は18～20℃であり、速度は25℃以上で低下する。④ジャガイモは除茎すると､いも数が減り､大きいいもが増加する。

39　解答▶④　★★★

①種いもは頂部と基部を結ぶ線で切断する。②種いもの切断は植え付けの数日前に行い、切断面を乾燥させる。③浴光催芽は徒長芽を抑制する。⑤種いもの大きさは40g以上であれば収量性に差はない。

40　解答▶②　★★★

中耕と土寄せ作業は、土を膨軟化

させ、除草、土壌の通気性・通水性の改善、倒伏防止、塊茎の露出による緑化防止のための重要な作業である。

41　解答▶①　★★

品種の早晩性により違いがあるが、植え付けからの積算温度は1,000℃程度が目安である。②降雨時の作業は労働環境が悪く、機械の故障につながるとともに、土壌を踏み固めるため好ましくない。③花が咲く頃から塊茎の肥大が急速に進むので、地上部の茎葉が黄変して枯れる頃が収穫適期である。④塊茎は種いもの上部（逆さ植えの場合はおおむね横）に形成される。⑤作業を効率的に行うため、茎葉部を除去してから収穫作業を行う。

42　解答▶③　★★

①収穫後は有毒成分ソラニンの増加を防ぐため、風通しの良い日陰で乾燥する。②塊茎は貯蔵中に糖含量が増加し、ビタミンC含量は減少する。④収穫適期は葉が黄変した後である。⑤低温貯蔵によりデンプンの一部が分解（糖化）され、ブドウ糖と果糖に変化するため、デンプン含量は減少する。

43　解答▶③　★★★

写真はワタアブラムシの幼虫。主に生育後半に葉裏に多く寄生する。成虫は体長2.3mm、体は光沢のある黒藍色で、わずかに緑色を帯びている。翅鞘には9条の点刻列がある。①成虫は葉を食害し、1～2㎜の白い円形の食痕を残す。幼虫は土中で地下部を食害し、塊茎の表面にアバタ状の傷を生じさせる。②⑤ジャガイモを食害しない。④葉の食害を引き起こすが若齢幼虫も含めイモムシで、写真の害虫とは形状が全く異なる。

44　解答▶④　★★★

①2015年に北海道網走市でわが国ではじめて確認され、その後周辺地域に発生が拡大している。②連作を避けることによって多発生を未然に防止できる。③抵抗性品種「フリア」が育成されている。⑤有効な殺線虫剤は数種あり、DD剤は広く使用されている。

45　解答▶③　★★

①サツマイモの生育適温は15～35℃で、気温が高い程よく生育する。②太くてがっしりした苗は活着はよいが、いもの揃いが悪く品質面で劣る。④基腐病は世界中で深刻な被害を引き起こしていることから対策が急がれるが、具体的な防除は困難な状況である。⑤貯蔵条件は温度13～14℃である。15℃以上では萌芽し、9℃以下では腐敗する。

46　解答▶⑤　★★★

①定植後は活着するまでは、細めにかん水を行う。②除草は、茎葉が地面をおおうまでの間に1～2回行う。③茎の節から根が多く発生する品種を栽培するときには、生育期間中に1回、つるがえしを行い、不定根を切る。④土壌センチュウは、土壌消毒や抵抗性品種の導入、対抗植物の栽培などで防除する。

47　解答▶④　★★★

つる返しは盛夏の8月頃、つるの生長を抑制し、塊根の肥大を促進するために行うが、最近はつるが伸びにくい品種特性など、つる返しをしなくてもよい場合もある。

48　解答▶①　★★★

②高収量のアジアイネと病気や雑草に強いアフリカイネを交配することで出来上がった品種の総称。③土壌中に過剰に蓄積された土壌養分を持ち出し塩類障害を軽減するための作物のことである。④イネ、コムギ

などの生産者の共同利用施設の名称。この施設で乾燥、貯蔵、調製、出荷までを一環して行っている。⑤米に水を加えたのち乾燥させたもので、水や湯を加えて復元して食べる。非常用や電子レンジを利用した調理飯などが商品化されている。

49　解答▶②　★★★

①日本で開発されたものである。③収穫作業と同時に脱穀も行われる。④中身のつまった籾だけが選ばれる。⑤わらは細断され、あるいは長いまま結束されほ場に放出される。

50　解答▶②　★

RAC コードとは農薬の作用機構による分類を表したもので、国際団体（CLI）が取りまとめたものである。①抵抗性マネージメントのためのローテーションは、作用機構グループの番号に基づいているため、有効成分の分類では不十分である。③④は通常分類されない。⑤殺虫剤は発現症状、効果発現の早さ、及び他の物性を判別するための一助として作用機構と影響を受ける生理機能を大まかに分類している。詳細は JCPA 農薬工業会のホームページ（農薬情報局、RAC コード）を確認するとわかりやすい。

選択科目［野菜］

11　解答▶⑤　★★

⑤はウリ科であるカボチャの種である。①ナス（ナス科）、②スイートコーン（イネ科）、③レタス（キク科）、④ブロッコリー（アブラナ科）。

12　解答▶①　★

②～⑤で表記する科はすべて最初に記載された野菜が属するものであり、②レタスはキク科、③サトイモはサトイモ科、④ニンジンはセリ科、⑤ホウレンソウは以前アカザ科に属していたが、アカザ科がヒユ科に統合されたことから、現在はヒユ科に分類されている。

13　解答▶⑤　★★

EC は土壌溶液中の電気の流れやすさを示す。EC と硝酸態窒素含量は高い相関関係あり、EC を測定することで、ほ場の残存窒素量が推測できる。③テンシオメータは土壌水分の測定、④ pH メータは土壌の pH の測定に用いられる。

14　解答▶③　★★★

①茎や枝が軟らかく必要以上に長く伸びること、②その植物の標準的な大きさよりも小さく成熟すること、④頂芽の成長が側芽（腋芽）の成長より優先されること、⑤生育にともない根が地上部に出てくること。

15　解答▶②　★★

①台木、穂木ともに根を残して接ぎ木し活着後切断する接ぎ木方法。③キュウリの機械化接ぎ木に用いられる方法。台木、穂木とも胚軸を斜めに切断する、④切断した台木の胚軸の中央または断面部、側面部に、根部を切断した穂木を刺す接ぎ木方法。⑤接合はさし接ぎと同じだが、台木の根を切断し、さし木をして発根させる接ぎ木方法。

16　解答▶① ★

②低温下で低下し高温下で高くなる、③35℃を超えると落花する、④光飽和点は約7万lx、⑤窒素肥料に対する反応が敏感である。

17　解答▶③ ★

①主枝に本葉8～9枚程度つくと、頂端に花房を分化する。②加工用品種など心止まり型の品種も存在する。④えき芽も着花習性はおなじである。⑤トマトの花房は常に同じ方向につく。

18　解答▶④ ★★

トマトの空洞果の防止には、ジベレリン液剤が有効である。着果促進には①合成オーキシンの4－CPAがトマトでは用いられる。②サイトカイニンは細胞分裂を促進するホルモンで、③アブシジン酸は樹木の芽の休眠に、⑤エチレンは落葉・落果に関与する。

19　解答▶① ★

しり腐れはカルシウム欠乏で発生することが多いが、カルシウムを十分吸収できない条件下でも発生し、乾燥、窒素過多、地温上昇、根部腐敗などが原因で被害が発生する。

20　解答▶② ★

トマト黄化葉巻病は、新葉が葉緑から退緑しながら表側に葉巻症状となり、後に葉脈間が黄化して縮葉症状となる。症状が進むと生長点付近で節間が短縮し、株全体が萎縮する。タバココナジラミによって媒介される。

21　解答▶② ★★

ナスは葉が2枚展開した頃にポリ鉢に移植し、活着後は苗が充実するよう夜温を低めに管理する。その後、植え付けに合わせて順化作業を行う。

22　解答▶④ ★★

ナスは青枯病のような土壌病害予防のために、トルバムや赤ナスなどを台木として接ぎ木する。

23　解答▶③ ★★

クサカゲロウ類の卵である。幼虫がアブラムシ類などを食べる。さまざまな小型害虫の天敵である。

24　解答▶① ★★★

②温室メロン等の原産地の説明である。③キャベツ等の原産地の説明である。④レタス等の原産地の説明である。⑤トマト等の原産地の説明である。

25　解答▶④ ★★★

①浅根性、②雌雄同株性、③根の酸素要求量が多い、⑤夏秋や促成、露地と施設などの作型や地域で異なるが、播種～収穫開始まで日数が70日程度で果菜類の中で最も短い。

26　解答▶① ★★★

キュウリの接ぎ木で台木用のカボチャを用いるが、台木用カボチャの品種を選ぶことにより、つる割れ病の耐病効果とブルーム抑制の効果が期待できる。

27　解答▶⑤ ★★★

ウリハムシの黄色の成虫が葉の表面を食害する。食害を受けた葉には、円弧状の食痕と不規則な食害痕が残る。①クサカゲロウ類、②キスジノミハムシ、③ニジュウヤホシテントウ、④ナミテントウである。

28　解答▶③ ★

下位葉からの発生とあわせて壊死斑の発生、葉の巻き込みからカリウム欠乏と判定できる。①葉全体が黄化する、②⑤欠乏症は新葉に障害が発生する、④葉脈間が黄化し着果部位から症状が現れる。

29　解答▶③ ★★★

大玉では、4本整枝では2果、3本整枝では1果に摘果する。

30　解答▶④ ★★★

①葉柄やランナーにも発症する、

②クラウン内部まで侵されると枯死にいたる、③窒素施用量が多いと発病しやすい、⑤抵抗性には品種間差が認められる。

31　解答▶②　★★

クリーニングクロップとしても利用できる。①手で引き抜くと残す苗の根を傷めるおそれがある。③生育が良好であれば分げつは２～３本発生する。④デントコーンは頂部がくぼんで馬歯状であり、スイートコーンはしわが多い。⑤キセニアでポップコーンの形質が発現しやすい。

32　解答▶⑤　★★

果実の温度が高いほど糖分が減少しやすい。①黄色と白色の１代雑種で、キセニアにより黄色粒が顕性、白色粒が潜性で優性（顕性）の法則により黄と白が3対1となる。②遅くても雄穂が抽出時には追肥をする。雄穂の花粉が風で飛散する風媒花である。③アワノメイガ、アワヨトウなどが加害する。④発芽力は高くないので２～３粒まきする。

33　解答▶④　★★

①定植は本葉５～６枚が適当であり、②ハクサイは過湿に弱く、③育苗の適温は13～25℃、⑤追肥が遅くなると結球の肥大・充実が遅れることがある。

34　解答▶①　★★

発芽適温は15～20℃。25℃以上になると休眠しやすく、30℃以上ではまったく発芽しない場合もある。②種子は、好光性種子。③乾燥条件には強いが、過湿を嫌う。④結球後の凍霜害は、腐敗病の原因となる。⑤結球と非結球とでは、農薬の登録が異なる。

35　解答▶⑤　★★

①西洋種は葉が大ぶりで厚く、切れ込みが浅く、抽台しにくい。②土壌の適応性は広いが酸性と過湿を嫌う。③高温と長日を避けた秋まき栽培が基本作型である。④播種後は、種皮がかたく吸水しにくいため、発芽がそろうまで乾燥させない。

36　解答▶⑤　★★★

根深ねぎでは、土寄せをすることで太陽光をさえぎり、葉緑素ができないようにして葉しょう部を白く軟らかくし、この作業が品質面で非常に重要な作業である。

37　解答▶③　★★★

タマネギの肥大開始時期は、平均気温と日長時間による。球の肥大に必要な気温と限界日長は、品種の早晩によって異なる。

38　解答▶②　★★★

この時期までの管理が、その後の生育に影響する。①最適 pH は5.8～6.8であるが、比較的酸性には強い。③子葉は正ハート型がよく、不整形なものは根の形がくずれやすい。④他家受粉である。⑤ダイコン十耕といわれより耕した方がよい。

39　解答▶①　★★

①②④吸水した種子から、全期間に低温に感応して花芽分化する種子春化型である。③12℃以下の低温が続くと花芽分化する。⑤「脱春化」といい、冬・春まき栽培ではトンネル被覆をして日中の高温により春化を打ち消すこができる。

40　解答▶⑤　★★

発芽までは乾燥させないこと。①短命種子で、採種後翌年の夏を越すと発芽力は低下する。②発芽適温は15～25℃で保温するとよい。③明発芽（好光性）種子で厚まきしない。④真夏は早朝に種まきするなど工夫する。

41　解答▶③　★★

アザミウマ類は葉や果実も食害するが、“花の害虫”といわれるように花（花弁）の被害が甚大である、褐色で細い体型も外観の特徴に合致する。①主に新葉（若葉）に寄生･吸汁する、②葉や花に寄生するが白く長い翅（はね）が特徴、④葉裏に寄生する、⑤成虫は葉、幼虫は根を食害する。

42　解答▶④　★

①オーキシンは細胞伸長・分裂促進の他、落果・落葉防止などの働きがある、②サイトカイニンは細胞分裂・側芽の成長促進の他、葉の老化抑制などの働きがある、③エチレンは果実の成熟や落果･落葉の促進、⑤黄・橙・赤色を示す天然色素。

43　解答▶④　★★

化成肥料の窒素成分含有率は5％で、20aに施用する窒素の成分量は6kg（3 kg × 2）である。従って、施用する化成肥料の施用量は、施肥量＝成分量÷成分含有率で求められ計算式は6 kg ÷0.05＝120kg、もしくは施肥量×成分含有率＝成分量から、施肥量をXとして、X × 0.05＝ 6 kgからXは120kgとなる。

44　解答▶③　★★

①天然素材の粉体で種子を包み均一な球状にした種子、②殺菌剤などを添加したのり（糊）剤塗布によって薄い被膜を覆うことで殺菌剤の効果が維持された種子、④果皮を除去することで発芽能力を改善した種子、⑤綿毛などの発芽抑制物質を取り除いた種子。

45　解答▶①　★★

野菜価格安定制度で指定する14品目は、キャベツ、キュウリ、サトイモ、ダイコン、トマト、ナス、ニンジン、ネギ、ハクサイ、ピーマン、レタス、タマネギ、ジャガイモ、ホウレンソウの14種である。

46　解答▶②　★★

野菜の品質低下を防ぐため、②ホウレンソウと④キャベツは気温0～2℃、湿度95％以上、①ナスと⑤キュウリは10～12℃、95％以上、③タマネギは0℃、65～70％以上が、それぞれ適している。

47　解答▶③　★

遮光資材はハウス外側に設置するほうが、ハウス内の温度を下げる効果が高い。しかしながら、ハウス外側への設置は風雨による影響で劣化が激しく、一般的には内部カーテンとして遮光資材が保温も兼ねて使用する場合が多い。

48　解答▶②　★★★

飽差とは、空気中にあとどれくらいの水分を含むことができるかを示し、飽差が大きいと作物からの蒸散が増加する。

49　解答▶⑤　★★★

カルシウムイオンと硫酸イオンを高濃度で混合すると、硫酸カルシウム（石膏）ができて沈殿してしまうから。

50　解答▶④　★

①温度が高く、燃油消費量の多い品目･作型で利用される、②除湿機能も有する、③最も一般的な熱源は空気である、⑤電気の確保・供給は比較的容易である。

選択科目［花き］

11 解答▶③ ★

①ペチュニア、②カーネーションは日長時間が長くなると開花する長日植物。④シクラメンおよび⑤バラは開花に日長時間が関係しない中性植物である。

12 解答▶② ★★

ルピナスはマメ科で、マメ科の植物は直根性のため移植が困難である。

13 解答▶③ ★★

耐寒性一年草の組み合わせは③。その他は、非耐寒性一年草である。

14 解答▶⑤ ★★★

園芸的分類では、①コリウス、③パンジー、④ハボタンは一年草、②フリージアは球根類である。二年草は、種まきから開花・枯死まで1年以上2年以内の草花である。

15 解答▶③ ★★★

写真のアルストロメリア（ユリズイセン科）は球根類である。品種登録されているものが多いため、苗を購入して栽培する。

16 解答▶① ★

写真はダリアである。ダリアは球根類で、塊根に分類される。ダリアの球根の株分けは、茎の根元の芽がついた状態で分球する。芽が付いていない根だけの球根は発芽しない。切り花として利用されるほか、花壇材料としても使われる。

17 解答▶④ ★★

ガーベラは従来から宿根草切り花として一定の需要があるが、近年ポットで出荷される機会も多くなった。切り花用には主に栄養系の品種が使われるが、鉢物用にはタネから育てる実生系の品種の利用がほとんどで、まいてから4～5か月で開花する。

18 解答▶⑤ ★

寒ギクは花芽分化・発達が高温で抑制される。①夏ギクの自然開花期は、暖地で5～6月、寒冷地で6～7月である。②夏秋ギクはほとんどの品種で日長処理ができ、その自然開花期は幼弱性と日長反応により決定され、③日の長さが短くなると花芽分化し開花する短日性である。④秋ギクの自然開花期は、暖地で10～11月で耐暑性は夏秋ギクより弱い。

19 解答▶① ★★

四季咲は19世紀に開発された。②近年はスプレータイプが主流になっている。③がく割れは栽培温度が低い場合や、昼夜温の差が大きい場合、カリ肥料の割合が高いときに発生しやすい。光は強いほど生育が良い。④園芸栽培ではさし芽苗による栽培が一般的である。⑤国内のカーネーションの切り花生産量は減少傾向にあり（2004～2021年統計）、長距離輸送に耐える花でもありコロンビアや中国からの輸入が増えており、国内流通本数は2016年で国産44％・輸入56％、2019年は国産38％（22,270万本）・輸入62％（36,092万本）となっている。

20 解答▶① ★★

写真は春まき一年草のペチュニア（ナス科）である。相対的（量的）長日植物である。非耐寒性一年草であるため、冬の寒さで枯死する。好光性種子のため、播種後は覆土しないかわずかな覆土にとどめる。花色は白、赤、桃、紫や黄色系、覆輪などもある。

21 解答▶② ★★

写真はハボタン。ハボタンはアブラナ科で秋まき一年草として扱う。耐寒性があるので冬花壇材料としての需要が大半である。高性種は切り花にもできる。ハボタンは低温になると着色し始める。花芽は低温で分化し、長日条件で開花が促進される。アオムシやコナガがつきやすいため、適切な防除を行う必要がある。

22　解答▶②　★★★

写真のニチニチソウは春まき一年草である。③夏の高温・強光線や乾きに強く、①②春から晩秋の花壇に用いられ、おもに夏花壇に利用が多く、⑤長期間開花する。④ニチニチソウの花がらは自然に落下する。

23　解答▶①　★★★

ラナンキュラスはキンポウゲ科の秋植えの塊根類である。急激な水分吸収は球根を腐敗させるため、バーミキュライトなどに芽が隠れる程度に浅めに植え付けて、発芽した後に用土に植え付ける。②はスイセン、③はチューリップ、④はユリ、⑤はダリアである。

24　解答▶④　★★

写真は春まき一年草のコリウス（シソ科）である。葉色は緑、白、黄緑、濃桃などの混色の斑入りが多く、初夏から秋の寄せ植えや花壇材料として用いられる。夏の暑い時期よりも９月以降の昼夜の気温差が大きくなる頃の葉色が美しい。

25　解答▶⑤　★★★

ベゴニアの品種は数が多いが、エラチオールベゴニアはわが国のベゴニア生産の中でも生産量が多い。品種の性質を維持するため、主にさし芽で繁殖されている。

26　解答▶④　★

①さし木苗よりも開花までに要する年月が短くなる。②古くなった植物体を若返らせる。③さし木が困難な植物を増やすことができる。⑤種子繁殖のような遺伝的分離はない。

27　解答▶⑤　★★

さし芽の際は切り口をつぶさないように鋭い刃物で切り、①②葉の枚数を減らして肥料分の無い保水性に富んだ清潔な用土にさす。④発根までは蒸散が抑えられるように寒冷紗などで直射日光を遮る。⑤さし木の適期は平均気温20℃くらいで、さし木後は適温・適湿を保つ。多肉・サボテン類は切り口を乾かしてからさす。

28　解答▶②　★

ウイルスフリー苗（無病苗）を作出するには、茎頂を摘出して培養するメリクロン技術が用いられる。ウイルスに感染しても植物体の茎頂点は汚染度が低いため、この部分だけ切り出して無菌培養する。

29　解答▶③　★

ラン類の繁殖には無菌発芽法が用いられる。簡易培地を利用する場合が多いが、細胞中の pH に近い値にすると成長がよい。

30　解答▶⑤　★

品種改良は、「遺伝資源の“収集”→雑種強勢等を利用した“変異拡大”→優れた形質の“選抜”→選んだ形質の安定出現のための“固定”→新品種を増殖する“増殖”→品種の“登録”」の手順で行われ、このうち、変異拡大として、交雑育種、突然変異育種、倍数体育種、バイオテクノロジーの利用などの方法がある。

31　解答▶①　★★

ツツジは酸性のより強い用土（pH5.0～5.5）を好むので、鹿沼土などで栽培するとよく生育する。②シクラメン、③キク、④カーネーション、⑤バラは微酸性土（pH6.0～6.5）が適する。

32　解答▶③　★★

パーライトは真珠岩を高熱処理したもので、通気性・保水性に富み、種まきや培養土の配合材料として使用される。①は赤玉土、②はバーミキュライト、④は腐葉土、⑤はピートモスである。

33　解答▶③　★★

A乳剤の1000倍液は1 ml（g）/Lである。2000倍液は、0.5ml（g）/Lである。100L作成するには0.5ml（g）を100倍して50ml（g）となる。

34　解答▶①　★★★

DIFとは、温度管理によって草丈を調節する技術で、昼温から夜温を差し引いた値のことである。昼温が夜温より高ければプラス、低いとマイナスで、マイナスで管理すると草丈が低くなる。② pHは、溶液などの酸性・アルカリ性を示す指標のことである。③ STSは、エチレン作用阻害剤の一つ。④ pFは、土の中の水分が土の毛管力に引き付けられている強さの程度を表しており、土の湿りぐあいを表す。⑤ ECは電気伝導度のことで、土壌中に溶けているイオン濃度（塩類濃度）の総量を表す。

35　解答▶②　★★

ジベレリンは、生長軸の方向への細胞伸長を促進させる植物ホルモンである。この働きを阻害することにより、植物はわい化する。

36　解答▶②　★★★

ロゼット（rosette:バラのような）は、短い茎からバラの花のように葉が重なり合って出て（根出葉）、地面に接して円座形になったもので、越年草の越冬の一形態である。トルコギキョウでは、幼苗時の夜間の高温によってロゼット化することが知られており、昼温はロゼット化に影響しない。

37　解答▶④　★

シクラメンは、葉数と花芽数が比例するので、多くの葉を分化させることが大切である。葉組みは、株全体の形を整えて、株元に光が入るように葉を外側に組み出す管理作業で、中心部に光を入れて葉の枚数を増加させることを目的とする。

38　解答▶①　★★

②③④⑤は吸汁性害虫である。ヨトウムシは「夜盗虫」であり、夜間に活動して食害し、昼間は地中に潜っていることが多い。

39　解答▶④　★★

写真はアザミウマ(スリップス類)の被害を受けた花弁であり、花や芽のすき間に入り込み、花弁に白い脱色はん、葉にケロイド状の食害痕を与える。

40　解答▶⑤　★★

写真のキクの葉の被害は、白さび病である。白さび病は、はじめは葉の裏面に白い小斑点ができ、ひどくなると表面にも黄色っぽいイボ状の病斑ができる。多湿を避け、繁殖は無発病の親株を用いる。白さび病の病原菌は糸状菌（カビ）であるため、殺菌剤を散布する。

41　解答▶④　★★

①さび病、②いちょう病、③立ち枯れ病、⑤べと病は、いずれも糸状菌が病原体である。

42　解答▶③　★★

吸汁性害虫のハダニによるバラの被害葉である。殺ダニ剤を散布して防除するが、ハダニは薬害抵抗性を得やすいので、同じ薬剤を使用する際には使用回数に注意する。ハダニはクモの仲間で、1 mmに満たない大きさであるため、肉眼で見ることはできない。葉裏に多く生息するので、葉裏に水をかけると減少する。

43　解答▶⑤　★★

葉腐れ細菌病は、発生すると葉・芽および塊茎に、水にぬれてすきとおったような斑点を生じ、拡大してやがて腐敗・枯死する、防除が困難な病気の一つである。種子の消毒と鉢や用土の消毒、病気の株の処分などで防除する。

44　解答▶②　★

エチレンガスは植物体内で作られる老化促進ホルモンである。開花株を暗所に置くとエチレンガスが発生し、落花する。

45　解答▶④　★★

キクが539億円で約３割を占める。続いて、ユリが182億円（９％）、バラが153億円（８％）となり、上位３品目で切り花生産のほぼ５割の45％を占める。

46　解答▶②　

愛知県は温暖な気候を利用して古くから園芸の生産が盛んな地域であり、花き生産額が農業生産額に占める割合は高い。

47　解答▶②　★★

写真は花壇用苗または鉢花として栽培される草丈30㎝ほどのわい性品種のヒマワリである。

48　解答▶⑤　★

高圧滅菌釜ともいい、器内を高温・高圧（120℃、1.2kg/cm）の状態で15分間保つと全ての菌は滅菌される。

49　解答▶②　★

ボイラー室で温めたお湯を循環させることにより、温室の暖房を行う温水（湯）暖房装置である。

50　解答▶④　★★★

花壇用苗ものの生産には一般的に３号～５号のポリポットが用いられることが多い。１号は鉢の直径が３㎝であるから、3.5号ポットの直径は10.5cm である。

選択科目［果樹］

11　解答▶①　★★

②は果樹の種類が間違いである。③と④の雌雄異株（いしゅ）は雌木と雄木が別々の株である。④のクリ、カキは１本の樹の中に雌花と雄花が別々にある（③と④は果樹の種類は合っているが、説明文は逆になっている）。⑤自家受粉は受精して結実するため種子ができる。また、果樹の種類のリンゴ、ナシ、オウトウは自家受粉ではない。

12　解答▶⑤　★★

①「ヒュウガナツ」は漢字で「日向夏」であり宮崎県原産のカンキツ類、「ジョナゴールド」はリンゴである。②「ラ・フランス」は西洋ナシ、「太秋（たいしゅう）」はカキ。③「富有（ふゆう）」はカキ、「新高（にいたか）」はニホンナシ。④「つがる」はリンゴ、「高砂」はオウトウ。⑤のモモ品種の栽培面積（2018年）は「あかつき」18.3％、「白鳳」14.9％、「川中島白桃」13.1％、「日川白鳳」9.4％であり、この主要４品種が55.7％を占めている。

13　解答▶⑤　

単為結果とは受粉・受精をしなくても果実が肥大するが、種子はできない現象である。そのため、「種がある果樹か、種がない果樹か」でも問題を解くことができる。ナシ、リンゴを含め、⑤以外の果樹は、全て種があるため、単為結果性の果樹ではない。ただし、ブドウは、「巨峰」・「シャインマスカット」をはじめ大部分の品種は、元々種があるがホルモン処理によって単為結果させたものである。①自家不和合性、②自家受粉、③この現象は基本的に起こらない。④他家不和合（交雑不和合）性の説明である。

14　解答▶②　★

窒素の割合が高いと栄養成長である枝葉の生育および果実の肥大は盛んになるが、着色不良や果実の糖度上昇が抑えられてしまう。また、窒素割合が高いと花芽分化も悪くなる。③枝葉の生育は旺盛になる。①④⑤は光合成生産物である炭素の割合が高い場合の状況である。

15　解答▶③　★

果実の肥大は主に根から吸収された肥料成分により行われる。葉の光合成物質も肥大に関係するが、主に糖度や着色などの果実品質を左右する。土壌の肥料成分は水に溶けて根から吸収・移動するが、少雨により土壌が乾燥すると肥料成分が水に溶けないため、根から吸収されずに果実の肥大が阻害される。また、水分は蒸散や光合成にも大きく関係しており、水分不足は、樹勢の低下や果実肥大・品質の悪化も引き起こす。①日照不足は果実品質の低下とともに軟弱・徒長となり、病害虫の被害を受けやすくなる。②④多雨による過湿と土壌の排水不良は根の活力が低下し、生育不良や花芽形成が不良になったりする。また、長期間続くと根腐れをおこす。⑤近年発生が多い高温は、多くの果樹で着色不良や果実品質の悪化、また栽培適地も大きな問題となっている。直射日光による高温は果実や木の日焼けを発生させる。

16　解答▶④　★★

マグネシウムとは苦土（くど）のことである。石灰岩を粉砕したものが炭カルで、炭カルを高温で焼成したものが②の生石灰（せいせっかい）で最も強いアルカリ性を示す。生石灰に水を加えて処理したものが①の消石灰（しょうせっかい）である。③は石灰成分の他に窒素成分があり、カルシウムシアナミド成分による土壌消毒・殺草効果もある。色は黒い。⑤はリン酸肥料であり、土壌をアルカリにする働きはない。

17　解答▶①　★★★

一般的に生物的防除とは天敵を利用して害虫を防ぐ方法である。天敵は昆虫だけでなく害虫に影響を与える糸状菌等も含む。さらに、害虫の行動を乱すフェロモン剤の利用も生物的防除である。②果実の袋掛け、③バンド誘殺、④防虫ネットの利用は物理的防除法、⑤病害抵抗性台木の利用は耕種的防除法である。これらは害虫に対する様々な防除法であるが、病気に対する防除法もある。

18　解答▶⑤　★★

オウトウだけでなく全ての果樹において、摘果の一番の目的は着果数を減らすことにより果実の肥大と品質を高めることである。また、着果負担による樹体への影響を少なくすることによって、樹勢の維持・隔年結果防止効果もある。①樹への負担が軽減することによる病害の減少もあるが、大きな目的・効果ではない。②生理障害とは直接関係がない。③オウトウにおける耐水・裂果対策は、雨よけ栽培が基本である。

19　解答▶①　★

品種改良の進んだ落葉果樹においては、種子繁殖や実生苗では親より品質の劣るものができる確率がかなり高く、接ぎ木や挿し木によりクローン（母樹と形質が同一の個体）苗をつくる。すなわち、交配による繁殖・増殖でなくさし木や接ぎ木などの無性（栄養）繁殖によって苗をつくる。一方、品種改良を行う場合や台木養成の場合には実生苗をつくる。

20　解答▶⑤　★

果樹は植え替えると結実までに年

数がかかり、元の成木と同様の収量になるまでにさらに年数が必要である。そのため、品種を変えるときは、樹の枝を切りそこに目的とする品種を接ぎ木する高接ぎによって短期間で品種転換を行う。①人工受粉は人の手による受粉。②深耕は幹から少し離れた部分を40～50cmほど深く掘るもの。③礼肥は収穫直後に窒素成分を少量施肥することで、1年間効果のあるものは元肥。④暗きょ排水は排水のために深い溝を掘って底にパイプ等置き、もみ殻などを入れて埋め戻した溝のことである。

21　解答▶⑤　★

子房がおしべや花弁のつけ根より上にあるものが子房上位である。カンキツ類は子房上位の真果(しんか)に属する。真果に分類される果実にはブドウ、カキ、モモ、ウメ、オウトウなどがある。真果は子房が発達して果実（食用部）となる。①リンゴ、②ナシ、③クリ、④ブルーベリーは子房下位の偽果（ぎか）に属する。偽果は子房以外の器官・組織(花床）などから発達した組織を含む果実である。

22　解答▶④　★★

開花異常である未開花症が問題となっているのは「シャインマスカット」である。未開花症の発生原因は不明だが、現在最も栽培面積が増えている有名な品種であり、収量や品質が低下するため、全国的に大きな問題となっている。

23　解答▶③　★

接ぎ木は栄養（無性）繁殖であり、同じ品種や系統の個体を増やす（苗木の育成)。成木では高接ぎ更新により短期間で品種を更新できる。また、抵抗性台木を選ぶことにより病害虫の被害を軽減して環境適応性を高める目的がある。①果樹では台木養生や品種育成する場合を除いて、実生（種子）繁殖するものは少ない。②台木は実生を用いるが、さし木や取り木したものを用いることもある。④接ぎ木はさし木、取り木、株分けと同様の栄養繁殖法である。⑤接ぎ木は同品種や系統の個体を増やすが、新品種は育成できない。

24　解答▶②　★

樹勢が旺盛で果実の成りが少ない木では花芽分化も少なく、栄養成長（枝葉の成長）が盛んである。そのため、窒素肥料をあまり多く与えない、横に寝ている枝を大事に残す、せん定では切り返しせん定をできるだけ少なくして間引きせん定を主体に行うなどの栄養成長を抑えた管理で生殖成長を促すことが大事である。①窒素肥料の多肥は樹勢をより強くするため、間違った管理である。③切り返しせん定は枝をさらに伸長させる場合などに行うもので、樹勢は落ち着かない。④枝は上向きにすると強い生育となる。⑤樹勢を落ち着かせると共に、摘果等によって着果量を適正にすれば隔年結果は防止できる。

25　解答▶⑤　★

発育枝とは新しく伸びた新梢で、葉芽または葉だけをつける枝。結果枝は花芽または花・果実つける枝。①結果枝を出す枝が結果母枝。②今年伸びた枝が新梢。副梢（二番枝）は新梢のえき芽がその年のうちに伸びた枝をさす。③主に葉芽をつける枝が発育枝。④花芽や果実をつける枝が結果枝。

26　解答▶①　★★

切り返しせん定は枝の途中で切ることでより強い新たな新梢を発生させる方法で、主枝などの先端を伸ばす場合などに行う。強い新梢のため花芽は少ないが、樹勢は強くなる。

②〜⑤は、枝の分岐部から切り取る間引きせん定の特徴である。

27　解答▶④　★★

ジクロルプロップおよびMCPBはリンゴやナシの収穫前落果防止の目的で使用される。①エテホンはバナナ、キウイフルーツの追熟、②1－MCP（1―メチルシクロプロペン）はリンゴ、ナシ、カキの収穫果実の鮮度保持、③エチクロゼートはウンシュウミカンの摘果、⑤ホルクロルフェニュロンはブドウの果粒肥大・着粒安定・ジベレリン処理適期幅の拡大に使われる。

28　解答▶①　★★

開花直前の摘心によって新梢の生育を一時的に停止させることで結実率の向上（結実数の増加）と花穂の充実（果粒の拡大）を目的として実施する。摘心は一時的な新梢の停止であり、再伸長するとともにわき芽（副梢）の発生が多くなる。②摘心では枝の伸長を完全に停止できない。③わき芽の発生や葉数は増加するが、それが目的ではない。④棚面を明るくするためには、摘心でなく芽かきである。

29　解答▶③　★★

ブドウは開花後30〜40日までの間に急速に果粒肥大するが、開花後14日頃までが細胞分裂が盛んな時期である。そのため、開花後にできるだけ早く摘粒を実施して細胞数を多くすることが重要である。①果粒が大きくなってから粒を落とすことは養分の浪費であり、作業効率も悪くなる。②ジベレリン処理をしない場合は花ぶるいがあり着粒確認後の摘粒が安心であるが、ジベレリン処理をした場合は花ぶるいは少ない。④開花前には花穂の切り込みで房の大きさを小さくすることにより粒数を少なくするが、摘粒そのものは熟練を要する。⑤花ぶるいは少ないため摘粒は必須作業である。

30　解答▶①　★★★

「シャインマスカット」はジベレリン単独処理による完全無核化が難しい品種であるため、無核効果のあるストレプトマイシンを併用する。ストレプトマイシンは無核化を目的に満開14日前から開花始期に散布または花房浸漬される。また、大粒にするためにホルクロルフェニュロン液剤を加用するが、2回目のジベレリン処理に使うと皮が硬くなるなどの弊害があるため、皮ごと食する「シャインマスカット」はジベレリン1回目の処理時に加用する。エテホンは主に熟期促進、MCPBはリンゴ・ナシの収穫前落果防止として使用される（設問27を参照）。

31　解答▶④　★★

最初にジベレリン処理により無核化されたのは「デラウェア」である。1回目の処理だけでは種がないが極小の粒であるため、粒の肥大のために第2回目の処理を行うことが原則である。「デラウェア」や「マスカットベーリーA」などの2倍体米国系品種は④が基本である。「シャインマスカット」や欧州種、また、「巨峰」「ピオーネ」などの4倍体品種は③の方法（濃度は12.5〜25ppm）で処理する。

32　解答▶⑤　★

果樹の若木は栄養成長である枝葉の伸長が盛んで、花芽などの着生が少ない。そのため、夏季においても芽かき・誘引・捻枝など、樹を落ち着かせる管理が基本である。①若木は樹勢が旺盛で、新梢の管理が重要である。②上面からの枝は徒長するため早期切除（芽かき）や誘引・捻枝を行う。③徒長的な枝は基本不要であるが、すべて切除すれば樹勢が落ちたり、日焼けの発生、枝や芽の数が不足するので、摘心や捻枝、誘引で対処する。④枝葉は一定量必要であるが、多すぎると樹冠内に光が入らず、光合成が低下し果実品質が悪化するため、早めの新梢管理を行う。

33　解答▶③　★★

カンキツ類は前年の結果母枝からわずかに伸びた枝（結果枝）の先端に花・果実をつける。この時、数枚の新葉があるのが有葉花（果）、新葉がない枝についたのが直花果（じきばなか）である。有葉花は結実しやすく大果となりやすいので、摘蕾（摘花・摘果）を行う。また、ウンシュウミカンの樹勢が強い品種では、隔年結果防止のために有葉花摘蕾（てきらい）は必要な作業のひとつである。有葉花摘蕾（てきらい）した新梢は翌年の結果母枝となる。②直花は結果母枝の先端に着生した花である。①摘心は新梢の先端を摘み取ること。④新梢を元からかぎ取る（切除する）こと。⑤ブドウなどの果粒を落とすこと。

34　解答▶②　★

成熟期になると果頂部から下方へ緑色の地色が抜けて着色が進むので、これらの変化と手触り（弾力性）で収穫期を判断するが、決して強く触ってはならない。モモは軟らかく傷つくと日持ち性が良くないので、傷をつけないようていねいに収穫する。①果実により熟度が異なり、また、熟度が進行すると販売できないため、一挙には収穫できない。③果実温が高いと鮮度が早く悪化する。④緑色では収穫が早すぎるため、糖度などの品質がよくない。⑤未熟果は果実品質が悪い。

35　解答▶②　★★

写真はモモの枝に見られるウメシロカイガラムシである。樹にぴったりくっつき、かたい殻を持ち、ロー物質を出しているものが多い害虫であり、一般的な殺虫剤で死滅させるのは困難である。そのため、マシン（機械）油乳剤を休眠期に散布して害虫を窒息死させる必要がある。この薬剤は害虫だけでなく葉にも大きなダメージがあるため、落葉果樹では休眠（落葉）期散布である。カンキツなどでもカイガラム防除では冬期散布であるが、濃度は落葉果樹より薄く、夏期であればさらに薄い。③小面積であればこすって取り除くこともできるが、名の通りぴったりとへばり付いているため多数の発生では困難である。④カイガラムシは吸汁害虫であり、１匹の害は小さいが多数発生することが多く、樹を衰弱させて枯死させることもある。また、スス病なども併発させるため防除は必要である。

36　解答▶①　★★★

白紋羽病は糸状菌（かび）によって果樹類の根を腐らせ、枯らしてしまう恐ろしい病気であるが、農薬による予防や治療が非常に困難である。さらに、土中に発生するため、一度発生すると被害が拡大して再発する重篤な病気である。最近注目されているのが「温水治療」である。写真は50℃の温水を用いた温水点滴処理である。処理終了の目安は深さ30cmで35℃、深さ10cmで45℃である。白紋羽病菌は熱に弱く35℃でほとんど死滅する。50℃の温水を白紋羽病にかかった樹の地表面に点滴して土中にしみこませると効果が高い。温水点滴処理による菌死滅の効果は２年程度なので、その後は保護殺菌剤の土壌かん注処理が必要になる。②石灰硫黄合剤と③マシン油乳剤の土壌散布はない。④90℃は高温であり、熱で根がやられる。⑤20℃

では菌が死滅しない。

37　解答▶②　★★

ねむり病は冬期間の寒さや樹体の乾燥によって起こるが、前年の着果過多や収穫遅れ、早期落葉や過繁茂による貯蔵養分の不足が原因となる生理障害である。ナシなどの落葉果樹において、冬季に一定量の低温にあわないと発芽しない自発休眠があるが、症状は同じでも全く異なるものである。①～⑤はすべて生理障害であり、①は花ぶるい、③は裂果、④は縮果病、⑤はホウ素欠乏の症状である。

38　解答▶③　★★★

枝に湿潤な病斑そして決定的な「アルコール臭」があれば、腐らん病である。腐らん病は枝・幹のみで、果実・葉に発病がないのも特徴である。①白紋羽病は多くの果樹の根に発生する。②枝からヤニ状のものが出る樹脂病はモモ、④果皮や葉の表面にいぼ型の突起症状のそうか病はカンキツ類、⑤胴枯病はニホンナシやセイヨウナシに発生し、樹皮にボツボツした突起をたくさんつくり、乾いたさめ肌状の病斑である。

39　解答▶④　★

黒星病は果実・葉・新梢に発生し、黒褐色のすす状、ビロード状（菌糸が密生している状態）の病斑となる。幼果では最初は黒いすすが発生するが、やがてかさぶた状となり、奇形果や裂果の原因となる。耕種的防除としては落葉期に被害葉を地中に埋める。薬剤防除では開花期前後の薬剤散布が重要であるが、近年薬剤耐性菌の出現が問題となっている。①すす病は主にカイガラなどの分泌物が原因でススが広がり拭くと容易に取れるが、すす点病は黒い点状の病斑で拭いても取れにくい。②炭そ病は幼果時には小さな病斑で、成熟果では大きく円形の暗褐色となり腐敗する。③成熟果では輪紋状の腐敗病斑である。⑤発生初期症状は新梢先端、花、幼果などがしおれる。

40　解答▶⑤　★★★

寒冷な地域の植物・果樹は、冬の寒さから自己を守るために、一定期間の活動の停止、最少表面積とするために葉を落とす。その一環が休眠である。落葉果樹では一定の低温にあうことで芽が生理的な休眠に入ることを自発休眠と呼ぶ。低温要求量が不足すると自発休眠が完了せず、気温が上がっても芽が覚めない状態が続き発芽不良となる。休眠打破に必要な低温は7.2℃以下の低温である。低温要求量はおおむね1,000時間～1,200時間程度であるが、種類や品種によって異なる。①凍害・凍霜害　②果樹、品種により異なる　③ねむり病（生理障害）

41　解答▶②　★★★

リンゴのわい性台木は樹体凍害には弱い。凍害は暖冬少雪や春先の急激な雪解けによって樹体に強い日射を受けて早い時期から樹皮温度が上昇し、耐凍性が低下した後に低温に遭遇することで発生すると考えられている。地際部から上部にかけて白塗剤を塗り、直射日光や雪面の反射による主幹部の急激な温度上昇が抑制される。白塗剤として炭酸カルシウム剤がある。リンゴ以外にブドウ・モモ・クリなどでも実施されている。他の白い塗布剤として、多くの果樹でカミキリムシ・スカシバなどの穿孔（せんこう）性害虫を防ぐためのMEP乳剤がある。

42　解答▶①　★★★

ビターピットは果実の下半分に浅くくぼんだスポット状で果肉部までコルク化した病斑が現れる生理障害である。②「紅玉」で見られるジョナサンスポットの症状。③苦土（マグネシウム）欠乏症。④は生理障害ではなく、毛羽立った病斑の黒星病の症状。⑤生理障害は農薬等の薬剤散布では抑えられない。

43　解答▶②　★★★

ブルーベリーは健康果実として人気が高いが、収穫に手間がかかるとともに日持ちが悪い小果実である。①⑤酸性土壌でないと生育が悪いため石灰は厳禁である。ピートモス、鹿沼土、イオウ粉剤等を利用することが多いが、ピートモスの場合はコガネムシの幼虫による根の食害が激しい。③カラスよりヒヨドリ、ムクドリの鳥害が多いため30mm 網目以下でないと防げない。④落葉・株状・低木である。

44　解答▶②　★★

花芽分化は樹体内の炭素と窒素の関係が影響する。炭素すなわち日照時間が多く、光合成物質が多いと花芽が多くなる。雨が多いと肥料の窒素成分が根から多く吸収され、樹体内の窒素の比率が高くなり花芽分化が抑制される。夜温が高いと光合成物質が呼吸で使われてしまうが、日中は太陽光をしっかり浴びて夜に気温が下がる日較差が大きい条件が花芽分化や果実品質向上のために理想である。

45　解答▶④　★★

隔年結果の主原因は着果過多である。そのため、人工受粉等で確実に結果させるとともにせん定や早めの摘蕾・摘花・摘果等を適切に行う。①土壌 pH は直接関係しない、②雨よけ・ハウス栽培は病気、裂果等の予防、③家畜たい肥は窒素成分が多いため枝が徒長して花芽が少なくなりやすい。⑤過度なかん水は根の活力が落ちる。

46　解答▶④　★★

草生の欠点は養水分の競合と病害虫の発生源であるが、刈り取りはその欠点の解消ができる。刈り取った草を園内に残し腐熟することにより、土壌の養分の増加や土壌構造の改良効果（団粒構造）がある。また、刈草をマルチすることにより、雨による表土の流亡防止効果も高い。①pH とは直接関係ない、②刈り取った草は地温の上昇を抑える、③単粒化でなく団粒化を促進する、⑤刈り取ることは病害虫防止と関係するが、持ち出しは④の効果も失ってしまう。

47　解答▶③　★★★

輸出量の２位、３位は接近しているが、輸出量・輸出額ともにリンゴが突出している。近年は農産物輸出が大幅に拡大し、果実ではリンゴ、ブドウ、モモ、イチゴなどが台湾、香港、タイなどへの輸出を伸ばしている。また、2020年の農林水産省統計による輸出額は、１位リンゴ 107億円、２位ブドウ 41億円、３位モモ 19億円（イチゴを除く）となっている。

48　解答▶⑤　★★

獣害を防ぐためにはネット、金網、電気柵、トタン等がある。しかし、ネットは破られる、金網は登るものもある等、長所と短所がある。その中で電気柵は様々な害獣を防止できるが、線に草がかかれば漏電するため常に草刈りなどをしなければならない。①電源は乾電池や自動車バッテリー、ソーラーパネルなどもあり、電源工事は必ずしも必要ではない。②線の高さ等が異なる。③人体にもかなりのショックがあるため危険表示を必ず行う。④早朝や夕方にも侵入するのでできれば終日通電が望ましい。⑤ネットや金網だけでは防ぐことのできないアライグマ、ハクビシン、サル（登って乗り越える）、クマ（金網等を破壊）にも電気柵は効果がある。

49　解答▶③　★★

1 aは10m × 10m ＝100㎡であり、10aは1,000㎡である。1樹当たりの占有面積は7 m × 7 m ＝49㎡となるので、1,000÷49＝20.4本となる。

50　解答▶③　★★★

計算する場合には、単位を必ず統一する。また、農薬等の○倍とは、1／○を意味する。殺菌剤は60L／1,500＝60,000ml／1,500＝40g。殺虫剤は60,000ml／800＝75mlとなる。

選択科目［畜産］

11　解答▶⑤　★★★

シャモは胸が立っているのが特徴である。近年はその肉の旨味が注目されJAS地鶏の親鶏としてよく用いられる。④スペイン東方、地中海西部のバレアレス諸島のミノルカ島原産の卵用種。アメリカとイギリスで改良された。羽色は黒色種が最も普及している。

12　解答▶③　★★★

ニワトリの卵巣と卵管は左側のものだけが発達し、右側は退化する。卵管は卵巣の近い方から漏斗部、卵管膨大部、卵管峡部、子宮部、膣部の部分からなり、卵黄はこの順に通過する。排卵から放卵までの所要時間は24～28時間である。

13　解答▶①　★★★

①卵黄のうはふ化前に体内に入るが、未吸収の卵黄が残っているため飼料はふ化後1～2日は食べない。②卵黄が吸収され食欲が出てくる。③不断給餌とする。④初生羽では体温調節ができないため加温する。⑤ケージには入れず、不断給餌とする。

14　解答▶④　★

初生びなの給温の温度は32.2℃を目安とする。高温すぎるとひなは温源から離れ、周辺に分散し、あくびをよくし、ほとんど眠らなくなる。

15　解答▶⑤　★

無精卵や発育中止卵は、腐敗して有毒ガスを発散し、ふ化率を低下させるため、人工ふ化において検卵は必要な作業である。暗所で卵の鈍端に電光検卵器で光を当てると、無精卵と発育中止卵は明るく透明に見え、発育卵は気室との境がくっきりしている。発育卵は、入卵後18日目までは温度37.8℃、湿度60％とし、その後は湿度70％に保つ。

16　解答▶①　★★

鶏卵の卵白は、濃厚卵白とそれの外部にある水様卵白に分かれており、貯蔵日数の経過に伴って濃厚卵白が水様化して盛り上がりが低下していく。このことを利用し鮮度の指標としてハウユニットが設定され、濃厚卵白の高さと卵重から算出される値が高いほど鮮度が良いとされる。

17　解答▶③　★★★

高病原性鳥インフルエンザは法定伝染病に指定されており、病原体はウイルスである。海外から日本への伝搬はカモなどの水禽類の渡り鳥によるとされ、これらが営巣地から渡来する冬季に国内での発生が多い。渡り鳥が運んだウイルスを鶏舎に持ち込むのは、農場内外にいる野鳥・野生動物、作業者や機材・資材と考えられるため、野鳥・野生動物が侵入できる隙間をふさぐことが有効である。予防的なワクチンの接種は感染の発見を遅らせるので行わない。

18　解答▶③　★

ランドレース種は白色大型のブタで、鼻が長く、大きな耳がたれている。①は大ヨークシャー種、②バークシャー種、④はデュロック種、⑤はハンプシャー種の特徴である。

19　解答▶④　★★

ブタの体長は、両耳間の中央から体上線に沿った尾の付け根までの長さをいう。

20　解答▶⑤　★

ブタの歯は、上顎22本＋下顎22本＝合計44本。ネズミやウサギなどは歯が一生伸び続け、ブタのオスも犬歯だけは伸び続け、メスの犬歯はある程度の大きさになると伸びずにオスよりも小さい。オスは去勢すると歯の伸びが遅くなる。日本のブタの場合、大多数は生まれて数日のうちに歯を切る。

21　解答▶④　★★

栄養状態を判断するためにボディコンディションスコアが参考になる。栄養状態は繁殖成績に影響するので、いずれの時期も肥りすぎたり、やせすぎたりさせてはいけない。理想的なスコアは3である。①はスコア4（肥っている）、②はスコア1（やせすぎ）、③はスコア5（肥りすぎ）、⑤はスコア2（やせている）である。

22　解答▶⑤　★★

雌豚の繁殖供用開始は生後8～9か月齢、体重120～130kgくらいである。雄の供用は生後8～9か月齢。

23　解答▶①　★★

保温管理が十分でないと、子豚は母豚に接近し、圧死などの事故が増加する。

24　解答▶②　★★★

品種間交配など血縁的に遠い両親間で生まれた子豚は、発育や繁殖形質などで両親の平均より優れた能力を示すことが多く、雑種強勢（ヘテローシス効果）といい、その効果は一代（F_1）かぎりなので、つねに交雑の元となる純粋種などの種豚を導入する必要がある。

25　解答▶②　★

①交配適期は自然交配でも人工授精でも変わることはない。③ブタの精液は耐凍性が弱く、精液量が多く必要なことから自然交配が多く行われている。④ブタの精液射出量は200～300mlと大変多く、1回の注入量は50mlである。⑤こう様物は精液採取の際にガーゼなどで取り除く。

26　解答▶④　★

①豚熱（豚コレラ）など特定家畜伝染病発生時に殺処分対象となる。②法定伝染病の発生が疑われる特定

の症状が出たら家畜保健衛生所への届け出が義務づけられている。③トキソプラズマという原虫の感染により発症し、人獣共通感染症である。⑤豚熱とは異なるアフリカ豚熱は、アフリカ豚熱ウイルスが感染して全身の出血性病変や発熱を特徴とする致死率の高い伝染病である。 ダニによる媒介、感染した家畜との直接的な接触等で感染が拡大する。

27　解答▶② ★★★

①脂肪交雑基準は米国にはあるが日本にはない。③きめが細かいと保水性がよく、肉汁保持されやすい。④やわらかいものはよくない、⑤肉の色はロース断面で、淡灰紅色がよいとされ、過度に濃い・淡いものはよくない。

28　解答▶② ★★

①はドイツ、オランダ原産で最も高い乳量を誇る品種である。③はスイス原産種がアメリカで乳専用種に改良された品種である。④もイギリス原産で乳中のタンパク質含量が高く、チーズに向いている乳を生産する。⑤はフランス原産の肉用種。

29　解答▶⑤ ★★

反すう動物のおもなエネルギー源は揮発性脂肪酸（VFA）である。飼料中のタンパク質は、第1胃内でアミノ酸やアンモニアに分解される。

30　解答▶④ ★★

①は乳排出を抑える作用があるホルモン。②は卵胞ホルモン・雌性ホルモンとも呼ばれるホルモン、③は黄体ホルモンとも呼ばれ、②③ともに繁殖に関わるホルモン。④は子宮筋収縮にも関わる。⑤は卵胞の成熟や排卵等に関わるホルモンである。

31　解答▶② ★★

カウトレーナーであり、つなぎ飼い方式において排せつ姿勢を整えさせるために、設置する。

32　解答▶③ ★★

ヘリンボーン方式は後躯の乳器部分が並ぶようにウシを斜めに並べて搾乳する。①は尻を並べて両後肢の間から搾乳する。②は回転する巨大な円形の台に乗せて保定し搾乳する方式である。④は搾乳者の両側2頭に並べて搾乳する方式。⑤は個体を縦に並べて搾乳する方式。

33　解答▶② ★★

アは卵巣である。イは子宮角。ウは子宮体。エは膣。オは膀胱である。受精卵移植における受精卵の注入部位は，子宮角深部が望ましい。

34　解答▶③ ★★★

FSH は卵胞刺激ホルモンであり、投与することにより過剰排卵を起こす。発情後に排卵した卵巣に複数の黄体（突起様のもの）が形成されるため、写真のような状態になる。

35　解答▶③ ★

①分娩時には、胎膜（尿膜）が破れて第1次破水が起き、その後羊膜が破れて第2次破水が起きる。②子牛は前肢から腹側を下にして娩出、あるいは腹側を下にして後肢から娩出されるのが正常分娩である。④ウシは分娩直前になると体温が0.5度程度低下する。⑤後産は通常分娩後3～6時間後に娩出される。

36　解答▶④ ★★

乳熱は分娩後の急激な泌乳量増加によって起きる代謝病の一つであり、静脈へのカルシウム注入等による治療が一般的である。

37　解答▶① ★★★

狂犬病は致死率100％であり、野生動物からも感染するので、外国へ行く際は現地の情報を調べ、事前にワクチンを接種することが望ましい。②ケトーシス、③乳熱は、ウシの代謝病である。④口蹄疫はウシやブタなど偶蹄類の家畜や野生動物に感染し、人間には感染しないが、人間がウイルスを伝播する原因となりえるため注意が必要。⑤オーエスキー病はブタの伝染病であり、人獣共通感染症ではない。

38　解答▶⑤　★★

①ゲルベル法は牛乳の脂肪含量を測定する。②牛乳の価格を決める大きな要因は牛乳中の脂肪含量である。③牛乳の比重は脂肪含量によって変化する。④牛乳が古くなると細菌が酸を生成してpHが低下する。

39　解答▶②　★★★

黒毛和種の妊娠期間は285日であるので、経営目標である1年1産を達成するには、分娩後に最大80（＝365－285）日以内の受胎が必要である。

40　解答▶④　★★★

写真の器具は腟鏡である。腟鏡はウシなどの腟腔内に挿入し、開大して腟腔内を検診したり、人工授精や受精卵移植などに用いる器具。

41　解答▶①　★★

写真は電気除角器（デホーナー）である。除角によってウシがおとなしくなり、人に対する危険性が低くなる。ウシ同士の競合も緩和される。除角方法は、実施する月齢や角の生え具合いによって異なるが、6週齢以前では電気除角器などで行い、断角器で角を切った後、焼きごてで止血をする。

42　解答▶①　★

②フスマは小麦の穀粒を小麦粉に加工したときの副産物。③植物性油粕飼料である。④テンサイ（サトウダイコン）を細断して温湯で糖分を抽出した残りである。⑤わが国ではグレインソルガム（DDGS）はトウモロコシを原料としたアメリカ産が多く、コメやコムギから生産したものもある。

43　解答▶③　★★

写真はアルファルファを乾燥、キューブ状にしたものである。タンパク価が高く、粗飼料としてだけではなく、配合飼料の原料としても使用される。①ホールクロップサイレージのことで、飼料作物をサイレージにしたもの。②は粗飼料、濃厚飼料、微量成分をすべて含む混合飼料。④サトウダイコンから糖分抽出後の繊維質。⑤トウモロコシからデンプンの製造過程で発生する副産物。

44　解答▶①　★★

可消化エネルギーはDEである。②代謝エネルギー、③可消化養分総量、④正味エネルギー、⑤総摂取エネルギーである。

45　解答▶②　★

飼料要求率とは1 kgの増体生産に必要な飼料量である。飼料要求率＝飼料摂取量÷生産量であるので（19.6－1.6）／6＝3.0。

46　解答▶③　★

平坦な露地面にシートを敷いて飼料作物を積み上げ、その表面をビニールシートで覆い密封した水平サイロの一種。サイレージの調整が簡単にできるが、圧密不良や土砂混入によるサイレージの品質低下が起きやすい。

47　解答▶①　★

コンビラップマシーンは、ロールベーラの梱包作業とラップマシーンの作業を同時に行うことができる機械で、コーンサイレージ等の調整で使われる。

48　解答▶③　★★

液状のふん尿混合物をスラリーという。ほ場に散布することで牧草生産性の向上、化学肥料使用量の節減を図ることができる。

49　解答▶⑤　★★

①自由市場では、価格は需要と供

給の関係で決定される。②輸入自由化による価格の低下傾向は、傾向変動である。③年末のすき焼き需要などの消費性は季節変動という。④豚肉の価格変動により、生産量も周期的に変動するが、需要と供給の時間差などから需給バランスがずれることにより、価格が上昇と下降を繰り返す現象で、かつては3年周期といわれ、循環変動に該当する。

50　解答▶④　★★★

動物への配慮であるアニマルウェルフェアは、動物飼育の上で広く求められ、GAPの観点等にも反映されている。人間の保護・管理下にある動物（家庭・産業・実験・展示動物）に本来の習性に合った生活環境を与え、健康で心身に苦痛のないように飼育すること。①動物の命の尊厳を守り、不必要に殺したり苦しめたりすることのないように扱い、その生態や習性を理解して適切に管理すること。アニマルウェルフェアは産業として動物の殺傷を許容しているが、動物愛護は実際の動物の状態の評価は必要ではなく、動物の終生飼養・殺生禁止がその内容にある。

選択科目［食品］

11　解答▶④　★★★

1962（昭和37）年度の①の118.3kgピークにしてコメの消費量は、減少傾向にある。1970（昭和45）年度②の95.1kg、1980（昭和55）年度78.9kg、1990（平成2）年度70.0kg、2000（平成12）年度③の64.6kg、2010（平成22）年度④の59.5kg、2020（令和2）年度⑤の50.8kgとなっている。

12　解答▶③　★

③の三温糖は煮物・漬物用で、強い甘さとコクが特徴。①の上白糖は一般家庭用、何にでも合う万能砂糖。②のグラニュー糖は一般家庭用、素材の味をいかす甘さ。④の和三盆は和菓子用、日本の伝統的な製法。⑤の白ざら糖は高級菓子・ゼリー用、無色透明で光沢ある。その他にも、中ざら糖は煮物、漬物用、まろやかな甘味。角砂糖はコーヒー、紅茶用、簡単軽量で便利。粉砂糖は洋菓子用でグラニュー糖を細かく砕いたもの。顆粒砂糖は冷たい飲み物用、水に溶けやすい。氷砂糖は果実酒用、大きな粒でゆっくり溶ける。

13　解答▶①　★★

①のアラニンは、甘みを感ずる。他グリシン・スレオニン・プロリンなどがある。②はわずかな苦み。③は弱いうま味。④はうま味。⑤はわずかな苦みである。各種のアミノ酸にはそれぞれ特有の味がある。④のグルタミン酸は、特にうま味が強く、昆布のうま味成分として発見された。みそやしょうゆの主要なうま味成分でもある。みそやしょうゆは、原料の大豆や小麦中のタンパク質の一部が、アミノ酸に分解された食品である。

14　解答▶⑤　★★★

⑤の食品中の脂質は油脂ともよばれ、そのほとんどがグリセリンに三つの脂肪酸が結合した構造の中性脂肪であり、体内で消化されてエネルギー源となるほか、細胞膜を構成するリン脂質に変化する。①の炭水化物、脂質、タンパク質はエネルギー源となり、炭水化物、タンパク質は4 kcal/g、脂質は9 kcal/gのエネルギーを発生する。②のセルロースやペクチンなどの食物繊維は、体の機能を調整する働きがある。③のビタミンは栄養素の代謝を助け、体の働きを保つので微量でよいが常に必要となる。④のタンパク質は、消化によってアミノ酸にまで分解、吸収され、筋肉や皮膚、血液、酵素などのタンパク質に再構成される。

15　解答▶⑤　★★

⑤のビタミン類は、生物が正常な活動を営むために比較的少量しか必要でないが､体内では生合成できず、他からとり入れなければならない。また、イモ類・野菜類・果実類に多く含まれている水溶性のビタミンCや、緑黄色野菜や卵黄・レバーに多い脂溶性のビタミンAなどは、加工貯蔵することで減少することがある。

16　解答▶②　★

②のビタミンEは､穀物､胚芽油､豆、緑黄色野菜に主に含まれ、欠乏すると不妊、流産を起こす要因とされる。①は脂溶性ビタミン。③は血液の凝固に必要なビタミンである。④は糖質・脂質・タンパク質の代謝を円滑にするのに必要である。⑤は水溶性ビタミンである。

17　解答▶①　★

①のしいたけは、核酸系うま味成分のグアニル酸を含んでいる。②の昆布は、アミノ酸系うま味成分のグルタミン酸を含んでいる。③のはちみつ、⑤のニンニクは、うま味成分を多くは含んでいない。③のダイズは遊離のグルタミン酸は多くないが、発酵した納豆・みそ・しょうゆには、遊離グルタミン酸を多く含んでいる。

18　解答▶③　★★

③の過マンガン酸カリウム容量法はカルシウムの定量法である。①のオルトフェナントロリン法は鉄の定量、②のモリブデンブルー比色法はリンの定量、④インドフェノール滴定法は還元型アスコルビン酸の定量、⑤プロスキー変法は食物繊維の定量法である。

19　解答▶②　★★

果実飲料の日本農林規格では第25条で酸度の測定方法が規定されている。②の薬品を利用して手動滴定で指示薬を用いる場合、果実ジュースにあっては試料1～5 gを正確に量りとり、濃縮果汁にあっては調製試料1～5 mLを、全量ピペットを用いて量りとり､水で適宜希釈する。これに指示薬として1％フェノールフタレイン溶液を2～3滴加え、振り混ぜながら0.1mol／L水酸化ナトリウム溶液で滴定する。終点は、赤色が30秒以上持続する点とする。

20　解答▶①　★★

分解ビンに試料、分解促進剤、濃硫酸を入れ、加熱すると分解液の色は①の黒→褐色→青色の順番に変化する。黒になるのは試料の有機物が炭化黒変するため。加熱を続けると有機物の分解が進み、褐色となり、有機物が完全に分解されると透明になるが、分解促進剤に含まれる硫酸銅のため青色となる。

21　解答▶④　★★

油脂が酸素と結合（酸化）して、悪臭などを発することを④の酸敗という。①は微生物が人間にとって有用な作用をしたときを発酵といい、②の熟成は保存することによって人間にとって好ましい作用をしたときをいう。③は人間にとって無利益な作用をしたときを腐敗という。⑤は加工製造や保存によって品質が低下することを劣化という。

22　解答▶③　★★★

③のくん煙処理は、くん煙に含まれるフェノール成分が強い抗酸化性を持っているため抗酸化性が向上し、保存性が増す。①の塩漬けは塩の浸透圧により微生物の増殖を抑制して保存性を向上させる。塩に抗酸化性は期待できない。②の日干しは水分を減少させ、微生物が利用できる水分を減らすことで保存性を向上させる。④の加糖処理は糖分の浸透圧によって保存性を向上させる。糖分に抗酸化性は期待できない。⑤の超低温保存はある成分による抗酸化よりも脂質の酸化速度を遅延させる効果がある。

23　解答▶①　★

①のカンピロバクターはニワトリ・ウシ・ブタなどの腸管にすむ細菌である。ささみやレバーの生食による中毒事例が多く、加熱不足の焼き鳥でも起こる。②のアニサキスは海産魚介類に寄生する寄生虫、③の黄色ブドウ球菌は人や動物の皮膚や粘膜に存在する。④のアフラトキシンはアスペルギルス・フラバスが産生する発がん性を有する毒素である。⑤のヒスタミンは魚肉に存在するアミノ酸が変化したものである。

24　解答▶⑤　★★★

⑤のノロウイルスの潜伏期間は24～48時間で、手指や食品などを介して、経口で感染し、ヒトの腸管で増殖し、おう吐、下痢、腹痛などを起こす。①はサルモネラで、ブタ、ニワトリ、ウシの腸管内では、常在菌、8～48 時間の潜伏期間を経て発病する。悪心および嘔吐で始まり、数時間後に腹痛および下痢を起こす。下痢は1日数回から十数回で、3～4 日持続するが、1 週間以上に及ぶこともある。②はボツリヌス菌で、潜伏期間は5時間～3日間、弛緩性麻痺を生じ、全身の違和感、複視、眼瞼下垂、嚥下困難、口渇、便秘、脱力感、筋力低下、呼吸困難などが出現する。③は腸炎ビブリオで、潜伏期間は12時間前後で、堪え難い腹痛があり、水様性や粘液性の下痢がみられる。まれに血便がみられることもある。下痢は日に数回から多いときで十数回、しばしば発熱（37～38℃）や嘔吐、吐き気がみられる。④はアニサキス、鮮魚介類にいる寄生虫で、生きたまま食べてしまうとまれに胃や腸壁に侵入し、激しい腹痛やおう吐、じんましんなどを引き起こす。

25　解答▶①　★★

ADI（Acceptable Daily Intake）は、①の許容一日摂取量で、ある物質について人が生涯その物質を毎日摂取し続けたとしても、健康への悪影響がないと推定される1日当たりの摂取量のこと。通常、1日当たり体重1 kg当たりの物質量（mg/kg体重/日）で表され、食品添加物や農薬等、食品の生産過程で意図的に使用されるものの安全性指標として用いられる。②の安全係数（Safety Factor）は、ある物質について、許容一日摂取量（ADI）や耐容一日摂取量（TDI）等を設定する際、無毒性量に対して、さらに安全性を考慮するために用いる係数。③の無毒性量（NOAEL：Non Observed Adverse Effect Level）は、ある物質について何段階かの異なる投与量を用いて毒性試験を行ったとき、有害な影響が観察されなかった最大の投与量のこと。④の急性参照用量（ARfD：Acute Reference Dose）は、人が食品や飲料水を介して、ある特定の化学物質を摂取した場合の急性影響を考慮するための指標。⑤の耐容一日摂取量（TDI：Tolerable Daily Intake）は、環境汚染物質等の非意図的に混入する物質について、人が生涯にわたって毎日摂取し続けたとしても、健康への悪影響がないと推定される１日当たりの摂取量のこと。

26　解答▶②　★★★

②の大腸菌群の検査では、デソキシコレート寒天培地で培養すると、乳糖を分解して酸性物質を出すので培地中のニュートラルレッドと反応し、赤色に変色することで大腸菌群の確認ができる。①のEMB培地は大腸菌が存在すると培地に含まれるエオシンＹとメチレンブルーの色である金属光沢のある暗緑色の集落を形成する。③の腸炎ビブリオはTCBS培地で培養すると培地組成に含まれるブロムチモールブルーとチモールブルーの青色の集落を形成する。④は混釈平板培養法と塗抹平板培養法があり、培養後集落が形成される。⑤は液体培地で大腸菌が乳糖を分解して発生するガスを観察する。

27　解答▶①　★★

2015年４月に食品衛生法、JAS法、①の健康増進法で定められていた食品表示に関する題目を一元化した「食品表示法」が制定された。この法律の目的は、食品を摂取する際の安全性の確保と一般消費者の自主的かつ合理的な食品選択の機会の確保である。

28　解答▶①　★

食品の包装材料には、ガラスや金属・紙・プラスチック・木製品、植物の葉、布など、いろいろなものが使用されている。①のガラスびんは、1804年に殺菌法が発明されて以来、缶と同様に長期貯蔵容器として使用されてきた。②のブリキや③のアルミニウムなどの金属は中身が見えず、④の紙や⑤のプラスチックは重量が軽い。

29　解答▶⑤　★★

⑤の胚乳は、米の大半を占める。成分は、デンプン質であるアミロースやアミロペクチンが多いので、可食部の主要部となっている。①のもみがらを除いた玄米には、炭水化物が約70%、タンパク質が約７%含まれている。

30　解答▶④　★

④の胚芽は、全粒中の約2.5%を占め、胚乳と比べると割合が少ないが栄養は豊富である。約32%のタンパク質、約14%の食物繊維を含み、カルシウム、鉄、マグネシウム、亜鉛、ビタミンB_1、ビタミンB_2、ビタミンB_6、ナイアシン、ビタミンＥを多く含んでいる。分離、精製して栄養補助食品等にも使われている。

31　解答▶④　★★

パンの製造法は、生地のつくりかたによって、直ごね法と中種法に分けられる。直ごね法は、原材料のすべてを同時に仕込む方法で、④の発酵時間や温度による影響を受けやすく、生地の状態や風味など、個性豊かなパンができる。

32　解答▶③　★★

③の乾めん類の日本農林規格で、「小麦粉又はそば粉に食塩、やまのいも、抹茶、卵等を加えて練り合わせた後、製めんし、乾燥したもの」と定められている。めん類は小麦粉

と水を混合し、粗麺帯をつくる整形、二枚に重ねた複合、圧延、切り出し、めん線を一定量にする調量後、包装したものが①の生めん。調量し、冷凍、包装したものは②の冷凍めん。ゆで上げ、水洗、包装したものは④のゆでめん。蒸熱し、水浸漬したものは⑤の蒸めんである。

33　解答▶④　★

④の大豆にはイソフラボン類が多い。他マメ科植物のクズも同様である。イソフラボン類の主な配糖体名はゲニステイン（ゲニスチン）、ダイゼイン（ダイジン）である。①はフラボン酸が含まれ、他にシュンギク、セロリがある。②はフラバノン酸が含まれ、他にミカン、ダイダイがある。③・⑤はフラボノール類が含まれ、他にタマネギ、ソバ、イチゴがある。

34　解答▶④　★★★

④のリョクトウは暗発芽させて「もやし」とするほか、「はるさめ」の原料にも用いられる。①のエンドウには未熟の緑豆がグリーンピース、赤褐色の豆はみつ豆、白色の豆は製あんに用いられる。②のインゲンは未熟なものは莢ごと利用するサヤインゲン、完熟した豆は白あん、甘納豆、煮豆に用いられる。③のアズキは和菓子のあん、祭事の赤飯に用いられる。⑤のソラマメは未熟な豆は青果として莢のまま加熱して利用する。完熟豆は煮豆や豆菓子、あんに加工される。豆板醤の原料にも用いられる。

35　解答▶③　★★

生のいも類の可食部100g 当たりエネルギー量は、①のナガイモ：65Kcal。②のジャガイモ：76Kcal。③のサツマイモ：134Kcal（焼くと163Kcal)。④のサトイモ：58Kcal。⑤のコンニャクイモ：7 Kcal（板コンニャクの値なのでもう少し高い値)。

36　解答▶②　★★★

デンプンは、②のアミロースとアミロペクチンの混合物であり、食材によってその含有割合はさまざまである。アミロースの割合の多いデンプンほど粘性は高くなる。⑤のミセルは、水に界面活性剤をある濃度以上に溶かし込んだ時にできる極小の球状物質で、脂肪吸収の際、分子内に親水性と疎水性の部分をもつ両親媒性化合物である胆汁酸は、ミセルという構造をつくり、脂質を水に溶けやすくする。

37　解答▶④　★★

乳酸菌や酵母の生育を促進するため1日1～2回、ぬか床を底からかくはんするが、ぬか床のかくはん不足の際に発生する表面にできる白い膜は、酵母の一種が増殖したもので、④の産膜酵母と呼ばれる。ピキア（ハンゼヌラ）(Pichia) は、代表的な産膜酵母で、漬物汁等の液体表面では膜状に発育する。寒天培地や一部の固形食品では乳白色の円形、丘状の集落を形成する。

38　解答▶③　★★★

代表的な粕漬けとして、白瓜を使った奈良漬け、ワサビを使った③のわさび漬けがある。酒粕中の糖やアルコール、アミノ酸が原料に浸透し、特有の風味が形成される。また、ワサビには食欲を増進させるだけでなく抗菌効果もある。

39　解答▶⑤　★★★

果実のナシに含まれる有機酸の90％はリンゴ酸である。⑤のリンゴ酸はリンゴ、バナナ、サクランボに多く含まれる。①のクエン酸は柑橘類やウメに多い。②の酒石酸はブドウに多い。③のコハク酸は、貝類をはじめ多くの動植物に多い。④のフマル酸は、キノコ類にも含まれる。

40　解答▶⑤　★★★

⑤のオウトウはショ糖2％・ブドウ糖43％・果糖32％、ソルビトール23％の糖組成である。①のリンゴはショ糖25％・ブドウ糖20％・果糖55％、②のカキはショ糖57％・ブドウ糖27％・果糖16％、③のバナナはショ糖74％・ブドウ糖14％・果糖13％、④のブドウはショ糖5％・ブドウ糖44％・果糖51％。

41　解答▶①　★★

①の人工ケーシングは、天然タンパク質を原料としており、くん煙可能で通気性があり、可食性もあるので広く使用されている。②・③・④は、不可食性のケーシング。⑤は羊腸・豚腸・牛腸などを使用したケーシングで人工ケーシングではない。

42　解答▶⑤　★★

ロースハムの製造では、⑤の湯煮（ボイル）を行い病原菌の死滅やタンパク質の凝固・肉色の固定等で効果を高める。①の整形後、②で原料肉に食塩・砂糖・硝素・香辛料などを浸透させる。その後、ケーシングに③の充てんを行う。乾燥・④のくん煙後、⑤の湯煮となる。

43　解答▶④　★★★

④の均質化の工程では、均質機（ホモジナイザー）で、脂肪球を細かく砕いて均等な状態にする。処理後は、脂肪球が直径2㎛以下の細かい粒子になる。これにより、クリームラインが形成され、成分が不均質になるのを防止し、粘度が増加し脂肪球の表面積も増加する。

44　解答▶②　★★★

牛乳中に含まれる乳脂肪は、ゲルベル乳脂計の中で硫酸とイソアミルアルコールにより反応させた牛乳を遠心分離機にかけて分離し、その値を読み取り測定する。乳脂肪率は、生乳の取引の指標としても利用される。また成分検査は「乳及び乳製品の成分規格等に関する省令」で定められた方法（公定法）を基準にして行う。最近は精度の高い迅速測定機器も使われる。

45　解答▶②　★★

②のリコッタチーズはチーズ製造時に出てきたホエー（乳清）を加熱してタンパク質を固める。リコッタの名前のリコッタ「二度煮る」という意味からきている。ホエー（乳清）から製造するので低脂肪で、さっぱり、やわらかで口当たりが良い。日本では法令上の種類別名称が「チーズ」ではなく、「乳又は乳製品を主原料とする食品」になる。①のカマンベールチーズと④のブリーチーズは牛乳を原料にし、白カビを表面に繁殖させて、熟成させたチーズ。③のエメンタールチーズは牛乳を原料に圧力をかけて水分を抜き、熟成させたチーズ。⑤のゴルゴンゾーラチーズはチーズの内部に青カビを繁殖させて熟成させたチーズ。

46　解答▶②　★★

②の無脂肪牛乳は、低脂肪牛乳よりさらに乳脂肪分を取り除き、乳脂肪分を0.5％未満にしたもの。①は乳脂肪分0.5％以上1.5％以下のもの。また、「低脂肪牛乳」は生乳から乳脂肪分の一部を減らし、低脂肪にしたもので、乳脂肪分以外の成分は普通牛乳（成分無調整牛乳）とほとんど同じである。一方、「低脂肪乳」は生乳に水や脱脂粉乳などを加えて作られており加工乳に含まれる。③は牛乳または乳製品を加工したもの、④は特別牛乳搾乳処理業の許可を受けた施設で搾乳した生乳を処理したもの、⑤は生乳・牛乳にコーヒーや果汁を加えたものである。

47　解答▶①　★★

カスタードプディングは、①の卵のタンパク質の熱凝固性を利用したデザート菓子で、卵黄と砂糖を混ぜ、温めた牛乳を加えてこし、バニラ香料を落とし、カラメルソースを底に入れたプリン型に流し込んで蒸し焼きにして作られる。卵のタンパク質の熱の凝固性を利用した調理に「茶わん蒸し」もある。

48　解答▶③　★★

③の酵母は、グルコースなどの糖分を栄養として増殖する。①のアルコール発酵を行う酵母は、サッカロミセス セレビシエである。②のアルコール発酵は、嫌気的な条件下で行われる。④の酵母によって取り込まれたグルコースは、エタノールと二酸化炭素になる。⑤の清酒の製造では、酵母により20%以上のアルコールが生産できる。

49　解答▶⑤　★

⑤の納豆菌は、土壌、枯れ草、ちりなど自然界に広く分布する。好気性の胞子を形成する細菌で、単独または連鎖状の桿菌である。納豆菌は分類上、枯草菌に属している。枯草菌は納豆製造のほか、タンパク質を分解するプロテアーゼ、デンプンを糖化するアミラーゼなどの酵素をよく作ることから、酵素の製造にも用いられる。

50　解答▶③　★

③の甘系の白みそは、麹歩合が多く食塩分が少ない。①の豆みそは、赤褐色または黒褐色で、他のみそと異なる。②の麦みそは、農家の自家用につくられたみそで、田舎みそと呼ばれる。④の信州みそが淡色なのは、熟成期間が赤みそに比べ短いからである。⑤の辛口系赤みそは、麹歩合は少ないが、食塩分は多い。

20□年度　第□回
日本農業技術検定２級　解答用紙

１問２点（100点満点中70点以上が合格）

共通問題

設問	解答欄
1	
2	
3	
4	
5	
6	
7	
8	
9	
10	

点数

選択科目

※選択した科目一つを丸囲みください。

作物　野菜
花き　果樹
畜産　食品

設問	解答欄
11	
12	
13	
14	
15	
16	
17	
18	
19	
20	

設問	解答欄
21	
22	
23	
24	
25	
26	
27	
28	
29	
30	
31	
32	
33	
34	
35	

設問	解答欄
36	
37	
38	
39	
40	
41	
42	
43	
44	
45	
46	
47	
48	
49	
50	

20□年度　第□回
日本農業技術検定２級　解答用紙

１問２点（100点満点中70点以上が合格）

共通問題

設問	解答欄
1	
2	
3	
4	
5	
6	
7	
8	
9	
10	

点数

選択科目

※選択した科目一つを
丸囲みください。

作物　野菜

花き　果樹

畜産　食品

設問	解答欄
11	
12	
13	
14	
15	
16	
17	
18	
19	
20	

設問	解答欄
21	
22	
23	
24	
25	
26	
27	
28	
29	
30	
31	
32	
33	
34	
35	

設問	解答欄
36	
37	
38	
39	
40	
41	
42	
43	
44	
45	
46	
47	
48	
49	
50	

20□年度　第□回
日本農業技術検定２級　解答用紙

１問２点（100点満点中70点以上が合格）

共通問題

設問	解答欄
1	
2	
3	
4	
5	
6	
7	
8	
9	
10	

点数

選択科目

※選択した科目一つを
丸囲みください。

作物　野菜

花き　果樹

畜産　食品

設問	解答欄
11	
12	
13	
14	
15	
16	
17	
18	
19	
20	

設問	解答欄
21	
22	
23	
24	
25	
26	
27	
28	
29	
30	
31	
32	
33	
34	
35	

設問	解答欄
36	
37	
38	
39	
40	
41	
42	
43	
44	
45	
46	
47	
48	
49	
50	

20□年度　第□回
日本農業技術検定２級　解答用紙

１問２点（100点満点中70点以上が合格）

共通問題

設問	解答欄
1	
2	
3	
4	
5	
6	
7	
8	
9	
10	

点数

選択科目

※選択した科目一つを丸囲みください。

作物　野菜
花き　果樹
畜産　食品

設問	解答欄
11	
12	
13	
14	
15	
16	
17	
18	
19	
20	

設問	解答欄
21	
22	
23	
24	
25	
26	
27	
28	
29	
30	
31	
32	
33	
34	
35	

設問	解答欄
36	
37	
38	
39	
40	
41	
42	
43	
44	
45	
46	
47	
48	
49	
50	